以幽默的方式过一生（琢磨先生）

郭城 著

中信出版集团 | 北京

图书在版编目（CIP）数据

以幽默的方式过一生 / 郭城著 . -- 2 版 . -- 北京：中信出版社，2023.10
ISBN 978-7-5217-6012-5

Ⅰ.①以… Ⅱ.①郭… Ⅲ.①人生哲学－通俗读物 Ⅳ.① B821-49

中国国家版本馆 CIP 数据核字（2023）第 171927 号

以幽默的方式过一生
著者： 郭城
出版发行：中信出版集团股份有限公司
（北京市朝阳区东三环北路 27 号嘉铭中心　邮编　100020）
承印者： 嘉业印刷（天津）有限公司

开本：880mm×1230mm 1/32　印张：10.75　字数：245 千字
版次：2023 年 10 月第 2 版　印次：2023 年 10 月第 1 次印刷
书号：ISBN 978–7–5217–6012–5
定价：68.00 元

版权所有·侵权必究
如有印刷、装订问题，本公司负责调换。
服务热线：400-600-8099
投稿邮箱：author@citicpub.com

目 录

自 序　　　　　　　　　　　　　　　　　IX

立春　万物复苏，莺啼燕舞

人生中的选择　　　　　　　　　　　　002
所有的伟大，都源于一个勇敢的开始　　　007
不能有感觉了才开始行动　　　　　　　　010

雨水　鸿雁归来，草木萌动

生活，就是心怀最大的善意在荆棘中穿行　014
你对了又怎样　　　　　　　　　　　　　019
在机场遇到了我的初恋女友　　　　　　　022
爱是个动词　　　　　　　　　　　　　　026

惊蛰 春雷惊蛰，杨绿风急

书架奇遇记	032
带书去旅行	037
阅读的快乐	040

春分 黄赤相交，草长莺飞

我路过的城市和城市里的女人们	046
我是个爱逛街的男人	054
机场里的小旅行	058

清明 春雨如思，思念如凄

一转身，就是一辈子	064
世界的孤儿	069
凡是发生的必然要发生	072

谷雨 谷雨断霜，万物生长

找个能说到一起的人结婚	078
我老婆是这样驯化我的	083
我就不信管不了这个家	090

☺ 万物并秀，各守其色

立夏

自己和别人的关系 　　　　　　　　094
朋友如三餐 　　　　　　　　　　　097
有些事，不必说破 　　　　　　　　100
童真的故事 　　　　　　　　　　　103
有什么好挤的 　　　　　　　　　　106

☺ 小满不满，本色内敛

小满

爱情，并不是生命的全部 　　　　　112
毛坯恋人 　　　　　　　　　　　　115
爱情里最容易犯贱 　　　　　　　　118

☺ 适时播种，方期有成

芒种

任何情况下，提升自己最重要 　　　122
职场的建议 　　　　　　　　　　　126
接受自己的不完美 　　　　　　　　130

夏至 ☺ 梅雨纷飞，一夜生阴

- 理发师的手艺   134
- 衣橱里的秘密   138
- 当我开车的时候，我在想什么   142

小暑 ☺ 温如小暑，杀气未肃

- 绝望难道就无解了吗   148
- 极简爱情与婚姻   155
- 其实你没必要活得那么紧张   158

大暑 ☺ 三伏迭出，何以解暑

- 社交时代的病人   162
- 聊天中的符号   166
- 微信头像和名字的秘密   168

立秋 ☺ 清风徐来，志在外也

- 孤独的力量   177
- 给自己藏点小幸福   178
- 天地间的第一个人   181
- 人性难断   188

处暑

物极必反，处暑迎寒

婚后遇到更喜欢的人 … 194
恋爱模式 … 197
心理学如何定义爱情 … 200

白露

阴气渐重，幽径多蹊

你那点事，有什么好说的 … 206
人性中最容易犯贱的地方 … 209
觉得别人晒，可能是自己缺 … 213

秋分

秋风乍起，息声问道

秋天，我迷失于一片竹林 … 218
星座靠谱吗？ … 224
算卦准不准 … 227

寒露

寒气凝结，精灵出没

灵感捕手 … 234
嗑瓜子 … 237
人生第一次动手术 … 239
踮着脚尖得到的东西 … 243

霜降

大地蒙霜，草木落黄

从青春年少路过 … 246
一个四十岁的男人给你提个醒 … 251
以幽默的方式过一生 … 256

立冬

土气凝寒，万物收藏

你为什么赚不到钱 … 266
花钱的原则 … 270
借钱的艺术 … 273

小雪

瑞雪丰年，吉象立现

生下来还要会教育 … 278
有其父必有其子 … 284

大雪

冰雪寒天，勿忘前川

出发太久，别忘记目的地 … 290
不是每个人的意见都值得倾听 … 293
每个不能打败我的事件，都会把我变得更加璀璨 … 297

冬至 ☺ 西北风袭，回笼教至

回笼教	304
大 V	307

小寒 ☺ 冰封大地，蜡梅探雪

八卦之心	314
如何面对失败	318

大寒 ☺ 凛冬已至，一元复始

自由职业	324
假如人生是一场错觉	327

自　序

> 生活，就是心怀最大的善意在荆棘中穿行，
> 即使被刺伤，
> 亦不改初衷。

在中信出版社编辑的提醒下，我才意识到这本书已经出版了六年有余。在这六年中我收到了无数读者关于这本书的来信和评论，有人说自己在人生的低谷通过这本书收获了勇气，有人说通过跟孩子一起阅读这本书搭建起了沟通的桥梁，有人说通过这本书挽救了婚姻，还有人说自己的脱口秀演出素材全靠这本书，也有人说把这本书放在床头偶尔翻一下，不知不觉已经陪伴了六年。

在这六年中，本书已经出版了繁体字版、韩语版和越语版，在微信阅读的书目中，这本书也经常以读者评论数屡占年度榜首，可见读者对这本书以及由这本书所引发的话题充满兴趣，也由此我被很多媒体冠以"人性手术刀"的称号。

这就是身为作者最满足的一件事，通过文字剖开人性的各个切

片,让大家在忙碌和焦虑的生活之余,换一个角度去重新思考那些习以为常的事情,这或许就是阅读依然具有强大生命力的原因之一。

在这过去的六年中,我也渐渐明白了作者的意义。作者应当也必须是对时代、对生活更敏感的那群人,通过对时代和人性的观察,自觉而敏感地觉察当代人的困境,小心谨慎地剖析其中的人性,并探究前进的方向,提出解决方案。

这件事当然可以由哲学家或心理学家去完成,但是以文学为职业的作家们,更能以生动灵活的方式,提供案例性的启发。不管你承认与否,我坚信大多数人对生活的态度以及价值观,都是通过阅读这件事来完成的。这就是我们每每遇到生活中的什么事,总是会想起阅读过的某本书中所提及的情节的原因。

就如同开篇那段话,"生活,就是心怀最大的善意在荆棘中穿行,即使被刺伤,亦不改初衷",被无数人引用并当作了社交媒体上的个性签名。每每看到这样的朋友,我们就彼此会心一笑,都觉得"同是天涯斩荆人,相逢亦不改初衷"。

六年过去了,我们集体经过了疫情的考验,经历了世界格局的震荡,经历了各种各样生活的锤炼;我们看见了人性的善与恶,看见了朋友之间因为某件事而闹掰,看见了生活并不是我们当初出发时那般的梦幻美好。有位许久未见的朋友给我发来四个字描述这几年:白云苍狗。

生活仿佛被不断翻耕的土地,随着耕地犁耙而不断折腾。我的生活亦是如此,作家是想得很通透的那群人,但未必是活得很通透的那个群体,因为真实的生活,不管你想得多么清晰而透彻,也需要你每天在具体的事情上去修行。我经历了很多的大苦大悲，而且一个敏感的人，必然比别人要多承受对他人的悲悯，每当这些时刻，我就会想起自己书中写过的文字：

  即使被刺伤，亦不改初衷。

  这些文字写给大家，也经常反过来慰藉了我自己。当你孤独彷徨，请翻开这本书，至少你可以尝试与我的文字进行对话，甚至于你不必从头开始阅读，随手翻到一篇，让我们跨越时空静下来做个交流，我们虽然素昧平生，但我可以看见你的喜悦与忧伤。
  并不是我多么先知先觉，而是人类的情感本身就具有相通之处。因此我经常说，你虽孤身一人，但却拥兵百万，这背后站的人，是古往今来无数的作家和他们的作品，帮你在阴暗孤独的那个夜晚，在你身后举起那星星点点的火把，照亮你前行的路。
  感谢大家喜欢这本书，也让我成了你身后那个举着火把的人。

琢磨先生
2023 年 7 月 31 日

万物复苏,莺啼燕舞

人生的路归纳起来无非两条:
一条用来实践,就是正在走的这条;
一条用来遗憾,没事想想就好了。

人生中的选择

我曾经给朋友们出了一道选择题：假设不能兼得，以下三位候选人你会选择跟谁结婚？

A. sex partner（性伴侣，在一起激情四射）；
B. business partner（商业伙伴，前途、钱财与名利无限）；
C. soulmate（灵魂伴侣，情感的愉悦）。

有人选B，因为选B自然就有A和C了，这世界上没有什么是钱买不到的。

有人说：跟C结婚，跟A和B暧昧。

有人说：选A你是张学良，选B你是邓文迪，选C你是杨振宁。

还有英语好的人说："Find a soulmate, then teach him（or her）how to make love and business."（寻找一个灵魂伴侣，然后教对方亲热和商业。）

当然也有人问：出题的能不能给个标准答案啊？

当然没有标准答案，如果这事有标准答案，人类就不会困扰这么多年了。我觉得思考这个问题本身才是最重要的，答案反而是其次的，因为能更好地了解自己内心的需要，才是这个问题最有价值的地方。

我个人觉得，选 A 是对身体本能负责，选 B 是对现实生活负责，选 C 是对爱情本身负责。

在详细解释我的观点之前，我们先看一下亚里士多德对这个问题的看法。

亚里士多德说，人看重三件事：他们看重令人愉快的事情、有用的事情和本身卓越的事情。所以，人际交往有三种类型：一种是那些建立在快乐基础上的人际关系，像性爱慕、迷恋；一种是那些建立在功利基础上的关系，如生意关系、政治联盟，传统的婚姻很大程度上也是以功利关系为基础；还有一种是基于人本身优秀的人际关系，这是一种相互欣赏、互相尊重、相互亲善的友好关系。

亚里士多德认为，这三种关系中只有第三种才能叫爱。而且，基于愉悦或功利的相互关系，有一个取舍条件，这种关系是一种有来有往（quid pro quo）的贸易，本质上是一种交易关系，在这种交易关系的背后，人们不断思考公平的问题，所以这种交易关系是靠不住、不确定的。

在亚里士多德看来，选择 C（灵魂伴侣）才是真正的爱情，或者叫纯粹的爱情。我同意这个判断，但是哲学家思考问题往往过于抽象，亚里士多德一生虽然试图在纵欲和禁欲中间寻求一个中道，却始终没有找到可行的路径。因为人生就是一个选择，顾此就会失彼，无法复得，也只能失之东隅，收之桑榆。因此，选择前好好甄别，而后不必说后悔。

我们再想想别的事情，我不知道你们是否有过这样的感觉：人生往往在一个不经意间，就会向另一个方向发展。

比如如果那天不赶早五分钟，就不会赶上那班地铁；如果没赶上那班地铁，就不会被旁边那个人踩了脚；如果不被旁边那个人踩了脚，就不会认识她；如果不认识她，她现在就不可能睡在自己身边。因此，所有的喜怒哀乐，都归结于那天赶早了五分钟。

如果那一天不去那家公司面试，或者接到面试电话的时候因为正在开会而挂断，今天就不会在这间办公室，自己也不会在这个行业打拼。打拼了这么多年，尽是惆怅悔恨，皆是因为那天接了电话，答应了来面试。

如果那天不参加聚会，就不会有今天这么多的爱恨情仇。如果那天不买那只股票，自己就不会被套牢。

如果……

一想头都大了，无数只蝴蝶翩翩飞来，引发蝴蝶效应，随便一只扇动翅膀，人生都会有阵阵涟漪，就会导致无数种可能。

我想，人生的路归纳起来无非两条：一条用来实践，就是正在走的这条；一条用来遗憾，没事想想就好了。其实如果再给你一次选择，你依然会因为没有选择别的路而遗憾，因为人生不可能穷尽所有选择。

或许遗憾，注定是人生的一个永恒命题，所以人生不必遗憾，凡是发生的定是要发生的。既然自己选择了，就这样走下去，至于是晴空万里还是阴云密布，接受就好了，因为这是你的选择。甚至，连上帝都觉得，选择是人的终极自由。

经院哲学曾经一直解决不了一个问题：既然上帝是全知、全能、全善的，为什么还会有亚当、夏娃被蛇诱惑犯错这件事？

如果上帝不知道亚当、夏娃会被蛇诱惑，那他就不是全知的。

如果上帝知道但无法阻止亚当、夏娃犯错误，那他就不是全能的。

如果上帝知道但不愿意去阻止亚当、夏娃犯错，那他就不是全善的。

一直到奥古斯丁出现，这位经院哲学家解释道：因为相对于亚当和夏娃犯错这件事来说，给他们犯错的权利和自由更重要，也就是人类的自由意志。

这样一说，也就推论出了上帝合法性的问题。这个推论更重要的意义在于：人，具有选择的自由。不管是行善还是作恶，都是人类的自由。当中国哲学还在热衷于讨论性本善还是性本恶的时候，西方哲学已经进入了另一种境界：人可以选择。换句话说，你可以选择善，也可以选择恶。

把选择这个话题推展出去，就衍生出无数个顾此失彼：一个创业的人可能觉得牺牲了亲情，一个全身心照顾孩子的母亲可能觉得埋没了自己事业上的才华，一个全面考虑的人可能觉得牺牲了实践而没有突出贡献。忙于工作，就牺牲了家庭；关注了家庭，就牺牲了工作的升迁机会。

所以，有所得必有所失。

但转念一想，这如果是自己的选择，只要得之心所想，失之情所愿，又有何妨呢？所以从这个角度来看得失问题，忙于事业的时间多，陪伴家人的时间就少；陪家人的时间多，忙于事业的时间就少；睡懒觉的时间多，看世界的时间就少；看世界的时间多，宅家里发呆的时间就少。

一个人的生活，全凭你看重什么。所以，何必羡慕别人得到什么，他失去的，或许正是你得到的。

回到前面那个问题上去，选择性伴侣也好，选择商业伙伴也罢，或者最终选择了精神伴侣，都是自己的选择，而旁观者其实很难指手画脚。只要自己愿意，不后悔，乐在其中就好。你看重的事情就去做，但要明白一点，选择的同时就意味着放弃。人生的路有很多条，选择自己想走的，其他的路当作风景，心里观赏一下就好。婚姻的问题，明白自己看重的，始终提醒自己，人无完人，但这个人身上的特质正是我最欣赏的，所以我爱她。

因为我明白一件事，人生两条路：一条用来实践，一条用来遗憾。

所有的伟大，都源于一个勇敢的开始

有一段时间，我遇到过很多人跟我说要创业了，说"互联网+"时代，猪都能起飞，再不创业就来不及了。结果过几年又遇到他，还是在喋喋不休地聊自己创业的伟大梦想，我估计他聊完回家就洗洗睡了。这样的人可以称为职业梦想家。

我有个朋友，iPhone（苹果手机）刚问世时就打算买，后来听说要出新款，出来新款后听说又要出新款……现在依然拿着旧手机，因为又听说 iPhone 要发布新款了。当然，他本来也想买车的，不过听说新款的奔驰要发布，所以他现在依然在骑电动车，持币等待新款奔驰。他说自己的人生态度就是宁缺毋滥，当然他依然单身。这样的人可以称为职业等候家。

我也遇到一些人，跟我说要辞职了，说公司这不好那不行，实在忍不下去了，结果几年过去，也没见他辞职。但他人倒是保持了一贯风格，还是说实在忍不了了，必须辞职了。这样的人可以称为职业牢骚家。

还有一个人，说喜欢一个姑娘，我说你去追啊。他说人家要是不喜欢我咋办，那我岂不是很丢人？每次聚会聊天都在重复这个话题，让人恨不得立刻替他去追了那个姑娘，当然后来还真的有人替他追了，而且人家两个人目前已经结婚生子。这样的人可以称为职业意淫家。

　　一个女孩，跟我说每天都在遭受家庭暴力，撸起袖子给我看青一块紫一块的胳膊。我说马上离婚，这没什么好说的，她说好。结果半年后，继续给我看被打的伤口。我问为什么还不离婚，她说因为这个、因为那个。唉，真是可怜之人必有可恨之处，想骂她无数句懦弱、幼稚、傻，话到嘴边只好变成"也是哈"。一年后遇到她依旧在重复说着自己的可怜。这样的人可以称为职业被虐家。

　　自己写不出好文章，我曾经以为是自己的电脑不够精美。每天不去跑步，我曾经以为是没有买到喜欢的运动鞋。懒得去旅行，我曾经以为是还没有买到心仪的相机和镜头。给自己找了很多理由，来当作不去开始某件事的借口，其实就是缺个一咬牙、一跺脚的开始。

　　很多事情，只要迈出第一步，就根本停不下来。但前提是，你得开始。

　　我做很多事情也会瞻前顾后，哪怕写稿子这样的小事。明明晚上12点要交稿，非要找各种事情来做铺垫，去烧壶水，去拖个地，去洗件衣服，去削支铅笔……其实，只要坐在电脑前，把手放在键盘上，往往都会写出一篇文章。

　　我曾经买了一本名为《如何克服拖延症》的书，这本书本来应该三天送到的，结果拖了一周才姗姗来迟，我心想，这本书果然很神奇,以身示范拖延带来的痛苦。打开书一看,一大半的章节都在说拖延的历史、拖延的来源之类。其实吧,如果我写这本书,只需要写一句话:赶紧开始行动!

你想写书,就至少要给书起个名字、列个提纲吧。你要创业,至少要写个策划书,或者开始谈投资吧。你要写公众号,至少要先登录公众号的平台注册申请吧。你要离婚,至少要咨询律师吧。你要辞职,至少要开始谈下家吧。

我有一位朋友,跟老公从决定离婚到办完手续两个小时搞定,民政局的人说:"你们最好回去再好好想想。"

她说:"我们很忙,日程很满,你们赶紧办。"

办完离婚手续后,她带着孩子从北京搬到了上海。我问她怎么想的,她说:"单亲家庭总比每天吵架的氛围好,而且爱已经没有了,我为什么要把自己的余生这样熬下去?"

我以为她会非常痛苦,没想到现在人家每天活蹦乱跳,做到一家公司的运营总监,找了个保姆帮自己带孩子,过得风生水起。

我倒不是鼓励大家不假思索快刀斩乱麻地离婚。我想说的是,如果真的决定要开始一件事,就让自己尽快开始。如果已经决定出发,就不要把生命浪费在犹豫上。

因为所有的伟大,都源于一个勇敢的开始。

不能有感觉了才开始行动

李敖说过一句话,意思大致是:身为小姐,不能有感觉了再接客。听起来蛮粗鄙的,不过很多道理都相通,比如:身为作家,不能有灵感了再写作;身为演员,不能有了状态才进入角色;身为员工,不能有心情了才开始工作。

很多人以为,文章都是在作家有灵感的时候写出来的。其实,我想告诉你们的是,我认识的大多数作家,都是每天写作,每天写不同类型的文章,尝试各种不同的写作手法,积累到某个点,突然灵光一闪,一篇优秀的文章就应运而生。

甚至没有灵感的时候,他们每天也要有一段时间把手放在键盘上,乱打一通,打了删,删了打,最后打出一篇文章。我帮一些电视节目撰稿,他们经常是要求我在一天内写几集节目的稿件,而且往往都是在12个小时内交稿。我为电视台写稿几年,从来没有拖过稿,甚至有时候半夜12点写完,第二天早上自己再去看稿子,觉得:哇,写得这么好!

你不逼自己一下,根本不知道自己有多优秀。这句话是对的。

不仅写作，读书也是一个道理。有人觉得有感觉了才能读书，比如需要一个安静的环境，最好是一个阳光明媚的下午，坐在咖啡店的窗子边，阳光透过窗子，暖暖地照在身上，最好窗帘是带花边的，窗台上再摆一盆绿色的植物，枝叶倒垂下来，然后自己翻开一本书。

你这哪里是读书，分明是在矫情。

这环境是锦上添花的事情，却绝不是必需。有这样的环境当然是好，没有也不必强求。难道挤公交车用手机读书不可以？难道等电梯的时候读书不可以？真想读书，随时随地都可以发生。读着读着就有了美好的阅读体验，而不是有了阅读的冲动再去读书。

我认识几个演员，他们跟我说，很多时候演一部戏，是要先逼迫自己进入那个角色。也就是先假想自己是那样一个人，然后再去把握这个角色的心理。言下之意就是，演啊演啊，你就成了那个人。你要先成为那个人，才能演出那个人。

那么工作是不是也如此呢？

有人跟我说，等自己找到一份理想的工作或遇上一个好老板，就会好好努力，充分发挥自己的聪明才智，从而修身齐家治国平天下。那么，为什么不是现在就开始呢？尽管目前的工作有这样或那样的问题，那为何不从点滴开始去改变？有有问题的工作和不足的老板，自己才有发挥能力的余地啊！都完美了，还需要你做什么呢？如果你实在觉得工作不爽，那你辞职啊，既然不辞职，又满是抱怨，你这不是犯贱吗？

一个优秀的人，一定是在任何地方都表现出自己的优秀。

我工作的时候经常想三个问题：领导还有哪些值得我学习的？今天的工作还有哪里可以提升的？目前手头的工作如何可以做得更好？于是干啊干啊，就把老板干掉了。嗯，我自己创业去了。很多工作都是，做啊做啊，渐渐就发现了它的有趣之处。否则，领着老板的钱，还见异思迁，这职业素养，连"小姐"都不如。

所谓职业，就是不管有没有欲望、灵感或状态，随时都可以让自己进入那个角色，在过程中找到感觉。当然，如有可能，尽量让自己体会到快乐。

话糙理不糙，人生在世，努力达到角色与体验的高度统一，才是正道。

鸿雁归来，草木萌动

生活，就是心怀最大的善意在荆棘中穿行。
即使被刺伤，亦不改初衷。

生活，就是心怀最大的善意在荆棘中穿行

有时候做脱口秀演出或者去大学演讲，别人让我写句赠言，我一般都写标题的这句话。

这句话的完整说法是：生活，就是心怀最大的善意在荆棘中穿行。即使被刺伤，亦不改初衷。

这句话是我自己的信条，也是我行事的准则。有一次在深圳出差，晚上闲来无事就去街上溜达，看到一个场景让我心头一颤。一个老奶奶坐在路灯下，前面是一辆板车，上面还有四五串香蕉。她好像已经无力吆喝，就自顾自地望着行色匆匆的路人。

我猛地被这个景象拉回到童年。

我的童年在农村度过，母亲靠种地和卖杂货赚钱养活我们，父亲则是在政府做着一份临时的差事。我印象最深刻的场景就是，一早醒来哭着要妈妈，爸爸说妈妈一早就去集市上卖东西去了。

农村的集市就是为了方便村民购买日常物品，很多村子轮着来，一天换一个地方，所以我也不知道母亲每天到底去了哪个村子。我只知道她特别忙，上午去集市，下午回来就种地，晚上回来帮我们

做饭、哄我们睡觉,第二天一早又不见了。

我好像每天都在问:妈妈去哪儿了?

等我再长大一点儿,就哭着喊着要妈妈带我一起去赶集,我坐在自行车前面的横梁上,后座放一个很大的筐,里面装满了各种神奇的宝贝。到了赶集的村子,在道路两侧,铺好塑料布,四周用石块压起来,然后把各种零碎物品摆放整齐,有小人书,有镜子、指甲刀,也有雪花膏(那时一种很流行的护肤品),总之很少有超过10元钱的东西。

我跟妈妈坐在凳子上叫卖,那时我对辛苦没有概念,只感觉我们家很富有,因为什么都有,别人还需要到我们这儿买。有时候生意好,每天能收入几百元,利润差不多几十元。我有时看小人书,有时哆里哆嗦地在寒风中祈祷有人把我们家的东西全部买光,但这事一直没有出现过,也没有这样的人出现。

有时一天不见得能卖出10元钱的东西,母亲脸色就会很严肃,一路上不跟我说话,回家我跟姐姐也都不敢说话,一晚上都在胆战心惊中度过。这种恐惧的来源不是没钱,因为那时小,对钱完全没有概念,那时的恐惧全部是因为母亲的脸色。成年后,我对别人的情绪一直非常敏感,也都源于童年的经历。

就这样,自己跌跌撞撞地长大成人了。去远离村子的城里读书,因为住校,一周只能回一次家,母亲有时想我了就来学校看我,给我送来雪花膏,说冬天不要脸上太干燥。再后来,去了更遥远的城市工作,母亲岁数大了,也就不再赶集卖东西了。但我一直忘不掉的,是自己守在那块摆满了杂货的塑料布后面,祈祷有个好心人出现，能把母亲的东西全部买光。这好像变成了我的某种宗教仪式，不时在脑海中闪现。

所以，当看到那位老奶奶的时候，我就想到了当年卖不掉东西的母亲。

我说："你全部给我吧，多少钱？"

她说："50元。"

交易很简单，一手交钱一手交货，然后她把凳子放在板车上，拉着板车慢慢走远。我拎着香蕉，看着她离开的背影，感觉自己很幸福。因为我想她卖完后回家，会开心，或许她的家人就会开心，如果她带着孙子孙女，那么他们也会很开心，他们不需要在胆战心惊中度过一个晚上了。

我把香蕉送去深圳朋友家，他说："她骗你的，哪里有这么贵的香蕉？"

我说："我又不缺这50元钱。"

他拼命教育我说："你这是助纣为虐。"

我说："我不知道自己是否助纣为虐，我也不知道明天她是不是能卖光所有香蕉，我也不知道她是否骗我，我只能决定一件事，就是那一刻，让自己问心无愧。而且，我也不觉得50元钱对我是个多么大的负担。"

我无法说服朋友，朋友也说服不了我。我曾经读到一句话：当你想行善的时候，你总是被骗。当你对所有人都失去信任的时候，又总有一个特别善良的人站在你面前，让你觉得自己的内心是多么肮脏。

世间这种矛盾的事情无穷无尽。有时候在加油站加油，经常会过来那种卖清洗用品、内饰的人，都说自己是大学生，正在勤工俭学，能不能买一盒，一般是50元一盒，一盒油配两块海绵。其实，我根本用不到这种东西，但是我们家里已经攒了几十盒，我在想，万一他是真的呢？

万一他真的是勤工俭学，如果我是他的第一个顾客，他因为做成了这一单生意，从此非常自信，最终成就了一番事业。其实我并不知道有没有受骗，我只知道，我要让那刻的自己问心无愧。如果这个卖东西的人是我母亲呢？我经常这样想。

此类事情，其实坦白说我并不觉得自己是在行善，我只是觉得在完成童年的一些事。因为我有不能消除的记忆，所以我从身边遇到的每一件小事做起，力求让自己不遗憾。每个人都可能会被骗，但不能因为被骗，就失去对所有人的信任。

同样的道理，一个坏朋友对你最大的打击，不是破坏了友谊，而是让你不再投入真诚。一个坏恋人对你最大的打击，不是让你伤痕累累，而是让你再也不敢投入感情。挫败也好，伤害也罢，总会成为过去，都会成为浮云。可怕的是你用这些过去，绑架了自己的未来。

别人或许绑架了你的一段情感，你却绑架了自己剩余的时光。

再比如，你不能因为一个员工犯错，就制定制度惩罚所有的员工。你不能因为一个客户想占小便宜，就制定规章约束所有的客户。你不能因为一个人不喜欢你，就把这种恨发泄出来伤害所有喜欢你的人。你不能因为一个人骗了你，就失去对所有人的信任。不能因为"一小撮",就伤害一大群,否则就是放弃了整个世界。

所以我对自己生活的要求是:生活,就是心怀最大的善意在荆棘中穿行。即使被刺伤,亦不改初衷。

我的初衷很简单,就是不放弃做人最基本的善良,不放弃对世界的信任,也不忘记母亲的养育之恩。

你对了又怎样

在成都一家餐馆吃饭,听到旁边一桌两口子在大声吵架。

大致内容是老公抱怨老婆不该做某件事,老公慷慨激昂唾沫横飞,大约是感觉抓住了老婆的一个把柄,以图发泄之快。

老婆皱着眉头听着,在老公中断、喝水之际说:"你对,你都对,你对了又怎样?"

然后,转身离去。估计回家又是一阵腥风血雨。

那位老婆临走前的这句话给我留下深刻的印象:"你对了又怎样?"

我们往往非常计较对与错,却忘记了在生活的很多事件中,爱才是最重要的。否则,你就算占一万个理,却寒了爱人的心,失去了对方的爱,你对了又怎样呢?毕竟,过日子不是审案子。

我太太每隔一段时间就喜欢把家具换个位置,我起初非常不适应,每次回家都以为进错了门。有一次,我实在忍不住批评她:"你这样摆弄,家里的风水都被你搞坏了,餐桌不要拉到房间的中央,凳子要对称。"

她说:"你说得对,但是我愿意这样。"

看着她撒娇的样子,我觉得很有趣。也对,反正房子就是一家人住,怎么舒服怎么来,她喜欢就好了,我出差多,在家的时间本来就少,又何必在这件事上计较呢!

再说,两口子的感情,远比餐桌的位置重要。

我遇到过很多口才很好的人,基本可以口若悬河、口吐莲花,连续说几个小时不带咽口水的,仿佛整个世界都必须臣服于他,别人都不对,都有这样那样的不足,都要聆听他的教导,他才具有这个世界的最终解释权。

即使如此,那又怎样?

德国哲学家康德一辈子没有离开过柯尼斯堡,生活极其规律,每天都是下午4点出门散步。唯独让他打破这个规律的是卢梭,卢梭的《爱弥儿》让康德废寝忘食。在读完《爱弥儿》后,康德在自己的文章中写道:"我生来就是个真理的寻求者,我感到对知识有一种贪得无厌的渴望,对在知识领域中有所建树有一种永无停息的热情,每当我前进一步,我就感到满意。有一段时间,我以为唯有这样才构成人类的尊严,我藐视过一无所知的普通人。卢梭使我走上了正路,这种盲目的偏见消失了,我学会了尊重人性,并且除非我相信自己的学术能给一切人以建树人权的价值,否则我将认为自己比普通劳动者远为无用。"

康德的觉醒是:学问再好,方向不是帮别人,就是卖弄。口才再好,不懂尊重别人,就是自卑,因为害怕自己的学问得不到炫耀,害怕别人强过自己。于是,将朋友、爱人、家人、同事,都当作征服的对象。

你都对，那又怎样？

生活教会了我这样几件事。

过日子，又不是审稿子，不涉及原则性的问题，何苦要每个字都对？每句话都符合逻辑？每个段落都要照顾你的情绪？你只需要将问题有时当作通假字，有时当作倒装句，有时当作比喻暗示，即可。在成人世界里，精确，是一种残忍的处世方式。糊涂，谁说不是一种高智商的生活态度。

哪怕我掌握了再多的理，也给别人留面子，因为这世界上只要对方不想被说服，你永远都说服不了他。人家根本不是觉得你理不对，而是对你的人反感。成熟的定义是，在表达自己的同时，亦体谅对方的感受。

与其把精力放在对与错的判断上，不如放在解决问题上。对方做得不对，你去做对，帮助她解决就好了，犯不着证明对方是错的，还顺道羞辱对方。比如，一个人不会做饭，你去学习做饭就好了，因为你如果真的爱，就不能饿死对方吧。

生活中，解决问题，远比计较对错更有魅力！

在机场遇到了我的初恋女友

那一年,在广州看完李安的电影《少年派的奇幻漂流》,觉得这是一部很美的童话:一艘小船,一个孩子,一只老虎,历经磨难,漂过茫茫太平洋,到达墨西哥。

里面有句台词让我印象深刻:"人这一辈子就是不断地放下,然而最痛心的是,我们都没与他们好好道别。"

在变幻莫测的世界,有一份信仰,可以在你猝不及防时给你力量,在你绝望的时候给你生存下去的希望。

我忙完广州的事情,就赶到了白云机场,因为提早到,心里就想着电影里的情节,在机场溜达。

白云机场人来人往,有人从机场赶回家,有人从机场赶往下一个机场,我是后者,所以无所谓赶路,干脆慢悠悠地看风景。

就在我东张西望的时候,忽然一个熟悉的声音袭来,这种熟悉或许潜藏在记忆的深处,而成为一种本能。我赶紧循声去看,一个女人抱着孩子,一个男人推着行李车嘻嘻哈哈欢声笑语地从我身边经过。

我努力在记忆中寻找蛛丝马迹,以至于在原地呆立很久才想起,那抱孩子的女人是我大学的初恋女友!

当初,大学毕业后我们各奔东西,由于距离关系聚少离多最终分手,而今天竟然能在机场偶遇。

等我回过神儿,他们已经从我面前走过去,那一刻我静静看着远去的他们,既没有打招呼的欲望,也没有离开的力气,直到看他们走远,才转身去了登机口。

在去登机口的路上,我发了这样一条微博:

> 在广州机场跟初恋女友擦身而过,她抱着孩子跟着老公嘻嘻哈哈欢声笑语地前行,我站在旁边看着,然后转身去了登机口,可能今生都不会偶遇了。有些感情,你以为已经过去,其实是深埋在了心底,那一刻看到她幸福的样子,那段感情的句号终于画上。你好,我的人生便美妙;爱,就是希望你好。

结果引来很多人的评论,我总结基本派别如下:

清新派:你若安好,便是晴天。这么短的一段文字让我眼泪滂沱。爱就是希望你好,无论天涯海角。

担心派:不怕你老婆知道吗?这女子此刻会不会正在机场找你?你这不是毁了他们全家吗?她老公看到怎么办?

言情派:定眼一看,那孩子很像自己。你转身后,她回头看你,阵阵酸楚袭上心头。她看到你经过,立刻伪装成幸福的样子,只为让你心安。

死理派： 无图无真相。全球 70 亿人，你们竟然能在机场邂逅？你以为画上了句号，其实是个省略号，根据我对心理学的研究，你还没放下。

现实派： 说什么都没用，放不下就是放不下，只有努力让自己比对方过得好，才会真正放下。看到对方的幸福，真是你若安好，便是晴天霹雳。

我曾经在一个十字路口看到初恋女友，谁也没跟谁说话。她跟老公挽手亲密地上了一辆保时捷，而我跟现任女友挤上了公交车。我跟女友说："看到她终于如愿以偿过上了好日子，我很欣慰。"

女友说："刚才那对儿？那男的长得可比你差远了。"

我狠狠把女友亲了一口，真解气！

"你当年肯定是亏欠对方，否则怎么会没放下，你这样既对不起初恋，又对不起现任，真不是个爷们儿。如果是真爱，就去把她追回来，否则就是不够爱。"女友说。

等飞机降落，太太来机场接我，她边开车边平静地问："你在广州白云机场到底发生了些什么？"

我于是跟她讲了下面这个故事：

在广州机场偶然看见了我的初恋女友，当时她站在一个咖啡店门口招揽生意，一边帮一位客人停手推车，一边对我热情招呼："来吃了，80 元一份自助餐。"

而后她认出了我，转身不再看我。我也认出了她，因为怕她尴尬，我转身离去。我知道这一转身可能今生都不会再见。有些感情，你以为已经过去，其实是深埋在了心底，那一刻看到她不幸福的样子,那段感情的句号终于画上。

讲完后,我侧头看着太太问:"你相信我微博上写的故事,还是我现在讲给你的故事?"

她微笑着说:"我相信微博上那个。"

我说:"那你心中有爱。"

看着车外流光溢彩、车水马龙,我心如止水、波澜不兴。

我想,爱情这事儿,在谁身上开始,也需要在谁身上结束,而今天我画上了句号。

你好,一切都好。

爱是个动词

这篇文章标题乍一看很邪恶，但却是一句名言。意思是，不要把爱当作名词，各种电视剧都把爱拍成了名词，好像这世界上充满了各种爱，没事你拿点儿爱来享受就好了。如果享受不到爱，就感觉被世界抛弃了，可怜得如同那个卖火柴的小女孩。

但真相是，爱应该是个动词，当然日本有些片子也是这么拍的，比如《入殓师》这部我最珍爱的片子。小林大悟从一个大提琴手改行做了入殓师，也就是做人死后下葬前遗容的整理工作。刚开始，他觉得这职业让人羞愧恶心，但后来渐渐对生命有了新的认识，那就是所有生命都应该得到尊重，特别是在他们最后的时刻。所以，他全身心投入了这份职业，让每个人以最美的容颜走完最后一程。

随着影片里久石让的音乐响起，我看得泪流满面。每个人都有爱的力量，爱让这个世界伟大起来。而爱是个动词，就是身为一个人，就应该有爱的能力，不要问为什么，这就是人存在于世界上的一个重要标志，所以你需要去释放爱、去爱人。因为你可以爱，所以给予你的回报就是被爱的感受。

我把爱分为四个段位。

低级段位：你怎么不给我打电话？你怎么总是对别人笑？我这么优秀，你得好好爱我。这是自恋的爱。

中级段位：我这么爱你，你也得加倍爱我，否则我就觉得吃亏了。我洗碗你要拖地，我拖地你要打扫卫生，总之过日子要公平。这是交易爱。

高级段位：我跟你谈好爱的准则和形式，彼此遵守这个约定。比如，不可以家暴，彼此保持忠诚。这是规则之爱。

顶级段位：我爱你，因为我有爱你的能量。能遇到并爱你，我就觉得很幸运。这是真爱。

有人说顶级段位是犯贱。那到底是犯贱还是不犯贱呢？这得从这个观点的开创者弗洛姆谈起。

喜欢心理学的人都知道弗洛伊德，但在我心目中弗洛姆是一个比弗洛伊德更厉害的人，他横跨了哲学和心理学两大学科，所以值得我用一大篇文章来说说他的事。

弗洛姆的先辈都是文化人，虽然没留下什么著作，但都嗜书如命。他曾祖父在巴伐利亚开了一个小店铺，别的店都生意兴隆，他的店却门可罗雀。原因是，这位曾祖父每天忙着研究《犹太法典》，一个小店铺的店主，有这么大的志向，就跟我一个宅男，天天想宇宙的真相是一样的。

如果有客人来店铺，这位曾祖父都厉声问对方："你没有别的店可去了吗？"

就是这么任性的一个曾祖父。

弗洛姆的父亲做酿酒的生意，但依然是个读书人，弗洛姆就在这样的家庭出生了。本来接下来的故事你可以联想到《红楼梦》里的贾宝玉了，对不对？你猜错了。

弗洛姆从小就被父母冷落，估计他跑来找父母撒娇，父母都会跟他曾祖父一样厉声问他："你没有别的父母可找了吗？"

弗洛姆从小就被孤独和忧郁困扰，因为被父母冷落，这孩子自卑得经常怀疑自己是一个"可能相当神经质的、无法忍受（生活）的孩子"，而且从小就想不通一件事，这件事是这样的：

一个25岁的女孩子，非常漂亮，还是一位画家。这个女孩子虽然跟人订了婚，但很快就解除了婚约，终日守在她父亲身边。又过了不久，这个女孩子的父亲过世了，她也自杀了。她留下一个遗嘱，说希望跟她父亲合葬在一起。

这事让12岁的弗洛姆非常不理解，她竟然爱自己的父亲，这一切怎么可能呢？她宁愿和父亲合葬，也不愿意继续享受人生和绘画的乐趣，这怎么可能呢？这事一直困扰着弗洛姆。

直到他读到弗洛伊德的著作。弗洛伊德认为，在这个女孩的性心理发展过程中，性器期没有发展好，就产生出了强烈的恋父心理。

弗洛姆觉得这种解释太棒了，这简直就是从小看到老啊！于是他投入了对弗洛伊德的研究，结果越研究越觉得不对劲儿。弗洛伊德太过于强调童年的经验，而忽视了社会因素的影响。而且，弗洛伊德每次做心理辅导，都充当一个权威的形象，不给病人任何反驳的机会，这不又扮演了一个父亲的角色吗？比如弗洛伊德的心理辅导模式是这样的：

弗洛伊德：你憎恨你妈妈。

病人：哇，有道理。

弗洛伊德：我说对了。

如果病人说：我才没有，你胡说。

弗洛伊德会说：你的愤怒表明了我刚才的判断正中要害。所以，我还是对的。

这基本都快成诡辩了。于是，弗洛姆就走向了批判弗洛伊德的道路，这个场景是不是有点儿眼熟？对，很像尼采对叔本华的感觉。因为无知，所以迷恋。而一旦看清，就变成了赤裸裸的鄙视。

刚准备歧视弗洛伊德，弗洛姆就病了，那一年他31岁，得了肺结核，那年头这病很要命。也是他命大，竟然顽强地活了下来，不过生不逢时，紧接着希特勒就上台了，更可悲的是，他是个犹太人。

我们假想一下，如果没有希特勒，德国有弗洛姆、康德、尼采、叔本华、黑格尔、费尔巴哈、赫尔巴特、马克思、恩格斯、马克斯·韦伯、席勒、歌德、海涅、雷马克、格林兄弟、瓦格纳、贝多芬、巴赫、勃拉姆斯、门德尔松、高斯……想都不敢想，世界都是德国的。

弗洛姆命比较好，顺利逃去了美国，并在美国出版了他的第一本书《逃避自由》。他认为，人总是喜欢追求权威，而放弃自由，比如崇拜一个权威，而心甘情愿地为奴。这样的好处是内心很安逸，于是各种专权就粉墨登场，比如弗洛伊德。

真正让弗洛姆名扬天下的，是1956年他出版了《爱的艺术》。这本书在美国就发行了150万册，被认为是时代的精神，也标志着他彻底告别了弗洛伊德的哲学思想，从此毅然决然地走向了人本主义的研究。

弗洛姆算是比较幸运的一位，活着就已经名满天下，不像很多艺术家或哲学家，死后才被人发现价值。晚年的弗洛姆搬到了瑞士，在他还有 5 天就到 80 大寿的时候死去。

弗洛姆一生最重要的研究，我认为就是对爱的研究。

在《爱的艺术》中，弗洛姆认为坠入情网这样的观点是完全错误的，因为如果爱是一张网，那人就没自由了，爱也就不甜蜜了。在求爱阶段，一方为了赢得另一方的好感，都会把自己最美好的一面表现出来。这个时候，谁也没有占有谁，每个人都生动活泼，富有吸引力。

而结婚后，婚约这张网赋予了彼此占有对方身体、感情和注意力的专有权，所以不用再去争取别的什么人了，因为爱情成了人的占有物，变成了一份财产。

于是，双方就慢慢地不再努力要求自己像以前那样可爱，就开始觉得无聊，而如果去改变对方，又觉得真实的那个对方，是那么无可救药，于是各种外遇在此时出现，其实其本质是想通过新的爱情，来重新唤醒所谓的爱。

这种把爱情当作占有，当作一张困住对方的网，是注定要失败的，因为一个人永远不可能占有另一个人。所以，不应该从对方身上索取爱，而应该从自己出发去表达爱。

弗洛姆认为，爱应该是动词，是给予，包括关心、责任心、尊重和了解。而且唯有如此，才不会受伤，因为你有爱的力量。那些觉得别人应该爱自己，或者一失恋就活不下去的本质，其实是自恋。

所以，如果爱，就去爱，把爱当作一个动词。

惊蛰

春雷惊蛰，杨绿风急

　　其实不读书也没什么坏处，只是太过沉溺于现实世界，容易让人狗苟蝇营。比如，你可以通过读一本传记，窥见别人的人生。你可以读一本心理学的书，洞悉自我的处境。你可以读一本历史的书，看刀光剑影，明白再辉煌的生命也会尘埃落定。读书，让你在历史、未来、现实、空虚中来回穿梭，然后发现自己生活的更多可能。

书架奇遇记

平时出差太多，宅在家里就成了一件奢侈的事。

宅着能做啥呢？无聊得就只能读书了。读书是这个世界上最赚便宜的事情了，花几十元钱就能跟作者一辈子的思想做个交流。我当初就是因为买了几本书，觉得非常喜欢，于是买了一个书架。觉得书架太贵太精致了，于是买了一套房来放。房子也太贵了，于是拼命出差赚钱来还房贷。而我的书却永远待在我的豪宅里，没有日晒雨淋，夏天有空调，冬天有地暖。

"你说还有天理吗？"我问老婆。

她说："有天理，因为书也不容易，永远不离不弃。"

一本正经的，好像在聊书一样。

趁着休息的空当，我就把自己很贵的书架整理了一下。身为一个哲学家，当然不会像整理书架那么简单，而是借着整理书架来思考人生。说大白话，就是一直想，怎么花了那么多钱买书啊！现在它们就这么静静地坐在我的书架上，有些人一生波澜壮阔，比如甘地（《甘地自传》），有些人一生智慧逆天，比如尼采（《瞧，这个人》)。当然,也有些人一生根本不值得一提,却也出了传记,不知道是咋想的,我就不点名字了,被我扔在书架的角落里,只要他们想讲话我就在他们身上压几本书。

其实不读书也没什么坏处,只是太过沉溺于现实世界,容易让人狗苟蝇营。比如,你可以通过读一本传记,窥见别人的人生。你可以读一本心理学的书,洞悉自我的处境。你可以读一本历史的书,看刀光剑影,明白再辉煌的生命也会尘埃落定。读书,让你在历史、未来、现实、空虚中来回穿梭,然后发现自己生活的更多可能。

我很奇怪的是,我怎么会买重了那么多书,比如光柏拉图的《理想国》就买了三本,王阳明的《传习录》买了四本,叔本华的《作为意志和表象的世界》买了五本……

我回忆了下,大约情景是这样的:在机场候机需要带一本书路上读,选来选去,感觉其他的书都是虚有其表,比如封面上各种牛哄哄的名人推荐之类的,看着都觉得俗气,于是还是选了自己真正喜欢的书一读再读。

还有一种情况是,自己确实忘记已经读过了,岁数大了,就会经常忘事。不仅书是这样,好多电影也是看了又看,觉得每一次看都好新鲜。

我把这事跟老婆说,她说:"滚,说得跟真的一样,对老娘你咋没这感觉呢?"

因为忘记了,所以后来不晓得啥机缘便又买了,带回家一看,重婚了!

不管是不是重婚,小别胜新婚啊!之前看不懂的内容忽然觉得字字珠玑。所以说,看不懂的书,没必要附庸风雅,还去读,尽可束之高阁。某一天,你会突然再次遇到这本书,或者想起这本书,从书架上取下,顿时醍醐灌顶,我想这就是人跟书的缘分吧。人与人又何尝不是如此?不到那个时间,任你怎么爱我,我很感激,却无法爱上你。其实,我想告诉你,不是你不好,而是我没准备好。

可惜的是,书读不懂,它还一直在,但人爱不上,她不会一直在原地等你。好在书很多,人也很多,总有一本书适合你读,也总有一个人适合你爱,这就是缘分。

我老婆听完我这个观点后,说:"你前几任女朋友还健在的话,我都打算拜访一下。"真是侠之大者!

我发现自己买书有明显的阶段性,最开始读的大都是各种励志书或者小说,比如我最喜欢孙皓晖的历史小说《大秦帝国》,这类书读多了以后,就感觉自己空虚得太久,便去读工具应用权谋类的书,比如《批判性思维》《金字塔原理》《潜规则》。然后,开始读心理学之类的书,愿意更多地去了解自己,比如《进化心理学》《梦的解析》《爱的艺术》。再然后,读历史,读哲学,将各种现象去归类,也整理了自己,比如《存在与虚无》《林中路》《人性论》。读来读去,最后自己经历了人生百态,自己就变成了一本书。

所以在读书这件事上,不必拔苗助长,什么阅历读什么书。

我把书架分门别类地整理好,哪个作者有资格跟哪个作者待在一起,都是我特别安排的。比如,黑格尔就不能跟叔本华待在一起,我怕叔本华会把黑格尔骂残。弗洛姆也不能跟弗洛伊德待在一起,他们彼此都肯定看不上眼。气场不同的书待在一起,会让书很难受。

我把自己的书摆在了张爱玲和林徽因的书中间,因为我们三个应该可以过得好好的。

安排这一群人,真的好费脑筋。最不知道放哪里的是《金瓶梅》,感觉每个格子都在对它抗拒,刚要放进去,其他书的作者和人物就会跑出来说:"No! No! No! No Way!"(不行,没门!)最抗拒的要算《红楼梦》了,里面的姐妹们齐刷刷扇着扇子坐书上说:"我们格调不同,她们都是风尘女子,岂能跟我们贾府里这些纯情女子在一起,要不您移步到《西厢记》那里看看,我们忙着吟诗葬花呢!"这时焦大就说:"女人就是矫情。"

于是我带着《金瓶梅》来到《西厢记》那一格,莺莺从书缝里挤出来说:"相公万万不可,羞煞奴家了,我跟张生是有情人终成眷属,可这金莲等姐妹却是为世俗所不容。相公,若你坚持此意,奴家就再也不把你当作张生了。"

那《水浒传》总可以收留《金瓶梅》了吧,但宋江却黑着脸说:"我们梁山哪有这些苟且之事?!三个娘们儿已经够烦的了,请好汉移步他处,我们灭个祝家庄跟玩儿一样,灭你个琢磨府岂是难事?"这简直是赤裸裸的威胁!

终于,旁边外文爱情小说那一格的《安娜·卡列尼娜》说:"反正一会儿火车开过,我就要跳下去了,如果不嫌弃的话,就来我这住圣彼得堡的房子里吧。"望着身着一袭黑天鹅绒长裙和黑纱遮面的安娜·卡列尼娜,李瓶儿跺了跺脚:"我不要住这里,多不吉利的事情,我又不是没钱,不要住这里做噩梦。"随后安娜·卡列尼娜苦笑一声,从书上跳下,被我儿子摆在下一格的托马斯小火车撞飞了。我心里一痛,默哀了一下,这本书再也不会打开了,毕竟一位痴情女子"住"过。

这时,《福尔摩斯探案全集》那一格招了招手说:"来我们这里,正好可以看看你们勾结的蛛丝马迹。"潘金莲当时就在书里昏了过去,西门庆打开一页,中间竟然夹了不知道何时放进去的10元钱,说:"求您就别折磨我们了,大宋的衙门就够我们受的,再来一个大英帝国的侦探,怕要命不久矣。"

我左思右想,没办法,最后只好单独把《金瓶梅》放在一个格子里,然后让梁羽生保护她。因为梁羽生喜欢,还专门写了一本《梁羽生闲说〈金瓶梅〉》。摆在一起果然和谐,有情有义有江湖!

你别以为我在瞎说,书是有灵魂的,所以每次出门都带本书。每次站在书架前都有皇帝翻牌子的感觉,看哪个顺眼就带谁出巡。旅途中,没事就拿出来晒晒,在火车上拿出来放窗边,住酒店拿出来放床头。旅行结束,在扉页写上:此书曾经到某地一游。

买了书就要负责任,不看,难道还不许带人家出门旅行吗?

带书去旅行

看过很多明星访谈,问起平时包里都放什么,一般都在说各种新潮的装备之后,免不了最后加一句:"还带一本书。"带着新潮的装备说明时尚,而带着书却又显得低调而有品位。

在今天这个物欲横流的时代,遇到一个包里带书的人,你就嫁(娶)了吧。

我有一个朋友,她包里就常年放一本书,只要在重要的场合,她都在角落里安静地捧在手上。终于,一个高富帅爱上了她,据这个男人后来的说法是:那一刻,她就如同一朵莲花在角落里开放。

其实,还不是觉得人家好看。不过,话说回来,这年头长得好看又不是什么难得的事情,关键的地方是,她与那些庸脂俗粉不同,别人捧着红酒杯,她捧着书。

有钱人就喜欢这口儿。

但我们都知道那个女生平时根本不喜欢看书,她只是把书拿在手里做装饰品罢了,就好比有些女生拿LV(路易·威登)手包,有些女生戴Cartier(卡地亚)钻饰,而她的装饰品是一本书。这样想来是极好的,带本几十元的书,就可以钓到金龟婿,关键是还可以过滤掉那些没品位的。

在网上还看到一件事,一个男生发帖子寻找某日跟他一起坐车的女孩,原话是:"在拥挤的车厢里,她捧一本书摇摆不定,我的心立刻就被她俘获了。"这事你仔细想想看,就如同澡堂子里突然出现个穿制服的……你也会瞬间被吸引,因为不同,就最能触动人心。

希望他们现在已经在一起了。毕竟,爱看书的女孩一般不会太差。

那么,拿什么样的书比较显品位呢?

比较俗气的是拿时尚类杂志,或者心灵鸡汤类杂志,这些东西其实不算书。你见哪个爱情故事里,一个王子爱上了一个喜欢读类似《知音》的女孩的?这类东西万万不能放包里,即使放了也不能拿出来。

稍微能拿出台面的书,是名家经典。比如,蒋勋的书、莫言的书、村上春树的书……不过,他们的书又有点儿太流行了,并不适合装点门面。反正你记得,凡是在机场书店显眼位置摆的书,都不适合。

再像样一点儿的书,是知名作家的生僻书,特别是那些书名太复杂的,比如帕特里克的书,虽然获得了诺贝尔文学奖,但你读他的《暗店街》,依然会吓坏不少人。虽然作家很有名,但他的作品中国人读得少。再或者尼采的《查拉图斯特拉如是说》,光这个书名一口气读下来都不容易。想想看,别人问你手里是什么书,你把封面对着他，他立刻觉得自己的语文是体育老师教的，而且体育老师还英年早逝的那种。他只能尴尬地说："哦，是如来说啊。"这类作家还有不少，比如普鲁斯特、乔伊斯、卡夫卡、托尔斯泰、博尔赫斯、卡尔维诺……

再高端一点儿，是不知名作家的书，但一定得是大家，不知名是因为一般人看不懂。比如，肯尼亚作家恩古齐·瓦·提安哥，擅长戏剧写作；阿尔及利亚作家阿西娅·杰巴尔，擅长非虚构写作；俄国作家弗拉基米尔·弗拉基米罗维奇·纳博科夫，擅长小说写作。如果你捧着恩古齐·瓦·提安哥的《一粒麦种》，作家别人不认识，书名别人没听过，这就很容易对他构成二次伤害了。

有人说，为什么不是读哲学书呢？比如康德的书，比如黑格尔的书。嗯，这些哲学家的书的确符合这个特点，但容易让人觉得性冷淡。

选了书以后的问题是，什么时候拿出来？

你在书店里捧本书当然没什么稀奇之处，所以一定是在最不易读书的时间、地点拿出来。比如嘈杂的火车站、机场，比如大家都唾沫横飞的餐馆，比如候车的公交站台。试想这个场景，树叶凋零的早上，寒风吹乱了长发，你倚靠在车站旁的广告牌上，随手翻看着阿摩司·奥兹的《何去何从》，那种情怀，你们感受一下。

其实带本书出门最重要的好处是，不管身处何种喧哗闹市，打开书就穿越到另一个世界，安静淡然、与世无争。

阅读的快乐

读书最重要的作用,除了消遣,就是能发现生活的更多可能。那么,这个生活的更多可能是什么?我想通过三个方面来谈谈我的看法。

一是读书增加生命层次性。毕竟生命只有一次,但如果读书,就可以经历不同的生命,也就是你仅仅活了一辈子,但却跟着作者活了好多生。生命的层次越多,生命就越丰富,幸福感就越容易产生。

比如读《水浒传》,你就有了至少 20 个鲜活的生命历程。我们看林冲,我其实不喜欢林冲,但是我觉得林冲这个角色刻画得最成功。林冲是 80 万禁军教头,他岳父也是,这个教头其实不算正式编制,或许他的理想就是这样过一生,可惜有个漂亮老婆,老婆太漂亮的男人往往都比较悲剧。我的人生这么顺利,就主要归功于我老婆。

林冲家庭本来非常幸福,但就是没有儿子,有一天夫妇俩去寺庙求子,结果林冲半路上就遇到了鲁智深,于是就跟鲁智深攀谈,让老婆带着丫鬟去寺庙。不一会,丫鬟跑回来跟林冲说:"夫人被人非礼了。"林冲何等人物,立刻跑去寺庙,挥拳就准备打,结果书里写"手先自软了"。为什么呢?调戏他老婆的是高衙内,谁呢?高俅的干儿子。放走高衙内后,林冲问老婆的第一句话是:"可曾被那厮羞辱?"意思就不需要说了吧!

你们看这个男人,第一反应不是把老婆抱过来:"乖,有我呢。"而是在意老婆是否还纯洁。老婆说:"未曾。"林冲这就放心下来,然后宅家里不出门了。结果还是没逃掉,他的好友陆谦来陷害他了。陆谦请他去喝酒,让家奴去林冲家,说林冲喝大了,快去陆谦家接。结果,林夫人到陆谦家,没发现林冲,却发现了高衙内,又是一顿折腾。

丫鬟又跑来报信,林冲匆忙赶去,见到老婆第一句又是:"可曾被那厮羞辱?"读到这里,你们大约知道林冲这个人的性格,空有一身本事,却唯唯诺诺,权衡利弊到了没有人性的地步。再后来呢,被陷害发配,走之前,还把老婆休了。《水浒传》里好女人不多,就这么一个好女人,还落下这么个下场,关键是,每次都还"未曾"。最后,林冲到梁山落草为寇,曾经一度想接娘子上山,但派人去的时候,老婆已经吊死多年了,让人唏嘘不已。

那么读下来,我们虽然没有经历林冲的人生,但是知道了有这样一种人,他们的人生是如此的经历,他们用这样的生活态度来面对问题。我们读了,我们的层次就增加了,而生命的层次增加了,也就有智慧了,因为出现各种问题,你有备份。

二是拥有更宽阔的胸怀。比如我们读《少年维特之烦恼》,里面写一个少年对一个女生的单恋。我们读着读着也会觉得维特像某个阶段的自己，那种少年情怀，对女生的那种迫切而又拘谨的感觉。所以，最伟大的作品，就是写给我们看的，尽管作者不认识我们，但感觉他就是在写我们的人生。

叔本华曾经说过："艺术的真谛就是以一概千千万。"诗人从生活中撷取特定的个体，准确地描述其个性，然而由此却启示了普遍的人性……他表面上只关注这一个，但事实上他所关注的是古往今来普天之下都存在的。因此，一些诗，特别是诗中的句子，即使并非警句格言，也经常适用于现实生活。

简单讲，你不是一个人在战斗。

这么一想，立刻就得到心理上的慰藉，就好比你如果听说叔本华也被人拒绝过，就会觉得自己被拒绝一两次也没什么。那么，你跟叔本华就穿越了时空，从而在心理上产生了某种共鸣。

叔本华被拒绝这事是真的。1831年，叔本华43岁，喜欢上了一个17岁的女孩弗洛拉。在一次游艇聚会上，他对她百般谄媚，还送给她一串白葡萄，后来被这个女孩写到日记里，原话是："我并不想要这串葡萄，因为老叔本华接触过它，我感到恶心，就悄悄在身后让它滑到了水里。"读到别人的痛苦，就能宽慰自己受过的伤。我每次失恋，都靠叔本华这段经历活下去。

读书也是一样，比如在《少年维特之烦恼》里，看到维特被绿蒂折磨得痛苦不堪，再想想自己失恋时的那份痛，好像也就小了一些。一想到我们的遭遇不过是古往今来的千万分之一，就足以支撑自己放下这份痛楚。

读书不仅仅是疗伤,因为伤还在那里,更重要的意义在于,一本书可以让自己的心变大,自然痛苦也就放下了。

三是增加智慧。如果人类要灭绝了,只允许你带一本读物,且只能从《花花公子》杂志和莎士比亚的《哈姆雷特》中选一本的话,你会带哪一本?这两本中哪一本会带给你更多的快乐呢?其实不好说。我也很难抉择,因为一本带来的快乐可能是浅层次的,一本带来的快乐是深层次的,但毋庸置疑,《哈姆雷特》所带来的快乐一定是更高质量的灵魂感受,它使我们运用更高级的智慧去思考,并使我们成为一个更加完善的人。

而阅读此类著作,很显然,能够增加我们的智慧。这也是名著之所以流传的一个重要原因。你可以看到一本《哈姆雷特》传承千年,但应该看不到一本《花花公子》传承千年。为什么呢?前者更能增加人的智慧,而这就可以让它穿越时间。

我在读很多书的时候,都会把自己代入角色中,设身处地地思考:假如我是他,我会如何处理此类问题?自己想个法子出来,然后再对照书里情节的发展,立刻就得到验证。

比如我们读《金瓶梅》,这的确是一本经典,我都可以从中读出《论语》的味道。武大郎得知潘金莲和西门庆私会,他第一反应是什么?去捉奸。武松出差前交代得很清楚:任何事情忍下来,等我回来再说。

武大郎呢?一不做、二不休就去捉奸,也不掂量自己的身高、体重。结果就被西门庆一脚踹个半死。被拖回家中,潘金莲就不照顾他了,那他又是怎么做的呢?他威胁潘金莲:你若给我口水喝,我就让我弟弟饶你一命。潘金莲一听,这还了得,你必须死啊!于是,就毒杀了武大郎。

如果是我们,该怎么处理?首先当然是忍,等武松回来全部搞定。如果想让潘金莲照顾怎么办?我们应该说:老婆,其实我知道你有自己的难处,我也的确配不上你,不如这几日你帮我倒杯水喝吧,我也好有力气写封休书还你个自由。

保命最重要,不是嘛!

这么一对比、一深思,自己的智慧也就增长了。有句话不是说"少不读《三国》"吗?如果你不是这样读,读多少遍也不过就是个书呆子,变不成自己的思想。

但凡经典作品,一定是在人性的刻画上较成功的。我们读《三体》,读着各种科幻的设想,其实核心还是人性的挣扎,比如叶文洁内心的波澜。否则,仅仅是一种玄妙世界的描写,不会给人那么大的震撼。再比如,《金瓶梅》无非用性来写人性,《红楼梦》是用贵族的没落来写人性,《西游记》用师徒取经的故事来写人性。所以,好作品,就是能剖析深刻的人性。而读人性,就是增长智慧,因为这世间最困扰人的,也就是人性了。

这就是我理解的阅读的快乐。

春分

黄赤相交，草长莺飞

☺

爱上一个人，便爱上一座城，城市再大，
都觉得很小，小到自己的爱溢满全城。
失去一个人，便失去一座城，城市再小，
都觉得很大，大到任何一个地方都找不到自己。

我路过的城市和城市里的女人们

一个人融入一座城市,不是吃了多少当地的小吃,也不是对各条街、各条道如数家珍,更不是你在这座城市拥有多少财富,而是你有没有心爱的人在这座城市。

没有这个人,城市越繁华你就越寂寞,即使灯光璀璨,心也找不到落脚的地方。爱上一个人,方能融入一座城,即使迷失在街头巷尾,也可以随时感受到这座城市的善意。

北京

北京的大气毋庸置疑,有次坐在北京咖啡店里跟朋友喝咖啡,左边一桌几个女生在聊很快就可以吸引到几千万元的风险投资了,右边一桌女生在聊到底是卖掉公司还是继续做下去一直到上市。我们两个男人聊的话题是年底了如何让老板加1000元的薪水、怎么带孩子更科学,自惭形秽之余我觉得母系氏族社会或许真的快要到来了……

遇到一些北京大姐，说是大姐不是个儿大，而是大气。爱起来如疾风骤雨不爱死你不罢休，不爱了如雨过天晴当断则断绝不拖泥带水。爱恨分明不屑纠缠，侠肝义胆懒得伪装。说起话来干净利索绝不扭捏，做起事来风风火火当仁不让。

在《北京遇上西雅图》这部电影里，汤唯就把一个北京大姐刻画得活灵活现。会不顾一切迷失自己去爱，清醒后也绝不拖泥带水。大大咧咧咋咋呼呼，又特别在乎情感呵护。得罪人不会嘴上留情，遇到事情又会不计前嫌地仗义出手。你以为她很依靠男人，独立起来连爷们儿也会动容，还会抬起头全世界都不关心地来一句："什么情况啊？"

重庆

我觉得中国开车技术好的司机都在重庆，马路上风驰电掣呼啸而过，上坡下坡各种陡坡均可停车，我相信每个司机都有一句格言：只有剐蹭坏的车，没有开不过去的路。

总有人问我哪里美女多，我觉得重庆最多。重庆牌"辣妞"，皮肤好到让人以为一碰就碎，身材好到让人以为模特走秀，裙子短得让人以为只穿了上身，路上随便遇到一个姑娘就属上乘，走在路上狂拽炫酷美炸天。重庆女孩非常爷们儿不做作，对你好绝不掩饰，说话火辣辣不留情，刀子嘴豆腐心，跟人吵架都能中途忍不住哈哈大笑,这种事一般地方的女孩做不来。

所以,每次到重庆我就要蹲路边傻望,喉咙里不停地咽着口水,心里在撕着结婚证。

长沙

每次到长沙我都惊诧于这里米饭的分量,吝啬的餐馆用桶上饭,豪放的餐馆用电饭锅,真的好震惊,毕竟我还只是一个孩子啊,哪里有那么大的饭量!

我唯独一次在街上被人认出来,就是在长沙的火宫殿。我正埋头吃煎饺,一个抱孩子的哥们儿围着我转来转去,在我就要离开的时候,他说:"你是不是那个谁?"

我说:"是。"

他说:"能合影吗?"

我说:"好。"

拍完他跟我说:"我想起来了,你是琢磨先生对不对?"

我含着泪拼命点头,握着他的手说:"你成功了!"

长沙真是一座热情的城市啊!

被湖南电视台整得以为长沙娱乐业很发达,我问有什么好看的,很多人的答复竟然是去现场拍《快乐大本营》和《天天向上》。其实,这里最吸引人的是美食与洗脚,当然还有岳麓书院。美食可以不重样吃一年,洗脚可以不同手法洗半年,岳麓书院则是到了后,一辈子都不想离开。

武汉

我到任何一个城市，他们都说是"四大火炉"之一，以此来证明自己城市的热度。不过不管怎么排，武汉好像都会位列其中，也就是全国人民公认的"火炉"。临江靠海的城市，商业一般都比较发达，商业一发达，文化也就兴盛，比如古希腊，比如荷兰，再如武汉。

我印象中会做生意的有两个地方——温州和武汉。我大部分的商业思维都是这两个地方的朋友教的。武汉女孩非常聪慧，说服能力极强，连我这种以嘴为职业的人，到武汉都插不上嘴，说话的速度直逼那个传说的521路公交车。

武汉的小吃遍布大街小巷，卫生状况虽然堪忧，但味道会让人念念不忘。就如同武汉这座城市，虽然到处搞建设，处处修来修去，但真正住段时间，就会爱上这座城市和这里冰雪聪明的姑娘，因为武汉的美不张扬，需要你慢慢去体会。

深圳

我认识的几乎每个深圳人，都不是深圳人，都是因为工作原因来到深圳。一群怀着热血梦想的年轻人，奔向这么一座城市，其活力和激情可想而知，但奇怪的是，深圳的夜生活并不丰富。

因为工作原因，我经常去深圳，所以感觉这座城市的包容性非常强，凭本事混饭，凭能力打拼，没什么好说的。可以说，这是我心目中最职业化的城市，有次我把儿子的婴儿床遗忘在了深圳湾口岸，打电话去口岸派出所，警察说"来取吧"。到了签好字，把车子还给我。绝没有北方城市那种顺道教育你的话：你怎么这么不小心，你要注意啊之类的。

这个城市的女人嘛，嗯，忙着加班呢。

广州

广州的夜生活非常丰富，丰富到我经常半夜一两点都无法打到车。本来是个南方城市，却传统得向北京看齐，一聊佛道、孔子、王阳明，总可以找到一群志同道合的人。我最不能理解的是，为何说好的早茶，却总是喝到中午，说好的夜市，轻轻松松就可以吃到凌晨。

广州女孩特别适合娶回家，我想这大约受到客家文化的影响，她们追求安定、靠谱的感情。所以，不要指望在广州拈花惹草，要谈就奔向结婚，否则一概视为耍流氓。这就像广州的早茶，别想着喝一口就跑，要负责任，不到中午就走了还叫早茶吗？

广州是个生活、居家、结婚、生子的好地方。

东北

对于南方人来说,经常分不清黑龙江、吉林和辽宁,一般都统称为东北。东北女孩最大的特点就是高,很高。每次到东北合影,我都尽量坐着,以弥补我身高上的不足。我觉得,东北每个人都有天生的幽默感,"老妹儿,瞅啥呢"(口音东北读 niē),就觉得接下来马上要唱二人转了。

东北人非常豪放,不过一定不要以为是暧昧,比如约你看个电影,绝没有要跟你亲近的意思,跟你勾肩搭背也绝没有让你非礼的意思,如果你理解错了,你就惨了。因为骨子里的豪放,所以不在意细节上的拿捏。我觉得东北人都具有白羊座的特质,能动手就别扯没用的。追我你就直说,别绕来绕去,你整啥玩意儿?

济南

很多人想到济南,就想到大明湖畔的夏雨荷,但你要搞定夏雨荷她娘,没两斤白酒的量就不要想了。

济南女孩很踏实,过日子,你赚多少钱,到时候钱归谁管,爹妈怎么养……这些你要习惯,因为过日子,必须把这些事情搞清楚。

娶个济南老婆比较省心,这可能不是一个浪漫的城市,但是一个非常平静且踏实的地方,按部就班,井井有条,称呼也都一丝不苟:"老师。"

上海

我最喜欢上海的思南路,这真的是一条奇特的路,在上海它被称为"淮海路的后花园",这里很少有行色匆匆的人群,只有安谧、平和的里弄人家,兢兢业业地过着自己无比平实的日子。不管是张学良,还是孙中山、周恩来都不约而同地选择了这里,当你走在这里是否也觉得自己成了传奇的一部分呢?南京路上经常有商家的促销演出,可总觉得最完美的街头艺术家不是这般的做作,应该是十分懒散的,一把琴除了自己的家,哪里都是他的舞台。

这座城市的女孩见惯了各种大场面,所以千万不要在她们面前吹牛,被微笑着识破是件非常尴尬的事情。不要试图去控制上海女孩,你控制她们就会溜走,或者让你沦为备胎。这座城市要的是自由独立,你唯一能做的就是让自己更优秀。

南京

每次我到南京秦淮河,都恍然回到前世,说不定我曾经在这里是头牌。要论古文化,我最喜欢西安和南京,西安的文化是古朴,南京的古朴更现代。南京的女孩可识别性较高,大部分会比较端庄,古典中的大气,或许是我对这座城市的印象,就专挑这样的姑娘看也说不定。

说不上这里客气还是不客气,也说不清楚实在还是不实在,很亲密，但永远保持一定的距离，我很多南京的朋友大致都是如此。其实，我觉得这样的关系才是最长情的，君子之交淡如水。你如果被一个南京女孩爱上，就要做好一辈子被她爱的准备，人家南京城都差不多六千年的历史了，爱你个百八十年算什么？

我最喜欢干的事情，就是在一个陌生的城市里游荡，既然是陌生的城市，也就无所谓迷路，因为走在哪里都是迷路。行人从自己身边匆匆路过，有人奔赴约会，有人回家做饭，有人急着去看电影……我只身一人，没啥目的，不赶时间，也不认识什么人，站天桥上看着车水马龙，微微一笑，我想上帝也经常干这个事儿吧。

我是个爱逛街的男人

我非常喜欢逛街。

每次跟太太一起逛街,都觉得一起逛不过瘾,所以我都跟她商量各逛各的,如果觉得需要我的意见就微信呼叫我,我就跑过来看她买的衣服,并且会大喊:"好看!好看!太好看了!"

如果不呼叫我,我们就晚上在这家商场关门前,在门口的星巴克咖啡店集合。这样,连逛十天半个月都不成问题,结果往往太太哀求说:"今天能不能不逛街了?"我才会出于怜香惜玉的考虑作罢。

逛街有很多有趣之处,比如哪怕就是普普通通一个小店,只要你细心都会觉得妙趣横生。比如,经常遇到那种路边店,放个大喇叭高声喊:"好消息,本店五折优惠!"

想想好事净让自己赶上啦,足够窃喜一分钟。

还有的喊:"挥泪赔本大甩卖!"

你看人家赔本都想着让你开心,这是怎样的一种崇高和舍己为人的情怀。

还有的在声嘶力竭地吆喝:"本店倒闭,清仓处理!"

人家都喊了一年还在坚持,自己还有理由放弃吗?

我见过最夸张的店,起先喊的是老板娘跑了,无心经营挥泪大甩卖。过了一个月后,喊的是老板娘回心转意,老板欣喜若狂大甩卖。再后来,喊的是老板跟小姨子跑了,老板娘看破红尘挥泪大甩卖。过了几天,喊的是孩子离家出走寻父,老板娘筹钱寻子挥泪大甩卖……想来这家店也真是悲情至极,这日子过得跟电视剧一样,隔几天就换一个剧情。

所以每次经过这家店我都进去逛逛,老板娘说:"先生,您又来了?"

我说:"是啊,看看今天你们家的故事有没有新版本。"

老板娘说:"明天准备再出个新版的,孩子寻父成功,正房打败小三正能量大甩卖……"

逛街的乐趣,对那些不逛街的人来说,完全是无法体会的。逛街的重点在于"逛",而不在于"买"。比如,看到很多商店的海报我也非常喜欢,我经常会去研究它们为什么那么拍摄,包括颜色的搭配与流行的趋势,都可以学到很多东西。可以说对于美的研究,没有比这些商家更懂的了,比如海报上的模特一般不会用很漂亮的,那样美是美,但也会让顾客产生巨大的挫败感。

所以以后你们逛街,可以说:"我要去商场学习了。"

看够了海报,可以随便溜达进一家店交流。有一次,我在香港逛一家鞋店,整个店里就我一个顾客。我就跟服务员讨论起了鞋的制作工艺、如何判别一双好鞋、如何保养鞋,然后就试穿了她们当季最新款的鞋，喝了两杯咖啡，聊了两个小时，最后要了两根鞋带和一大本宣传册走掉了。

当然也有不善意的，刚进去就贴身跟随，只要盯到一件衣服，就说："你穿这件肯定好看，先生您看您的身材，怎么保持的？哎呀，您这大耳垂福气啊，您唇线那么明显，太适合我们家衣服了！"

我就问她："唇线跟衣服怎么个适合法？"

她说："您看，您的唇线明显吧，笑起来就好看，笑起来好看呢，就很阳光，人一阳光了，就需要明亮的颜色，而我们这季的衣服主打就是亮色。"

她那卖力的样子，让人忍俊不禁。没事到这种店里转一圈，被一顿海夸，就相当于增寿，多活个十年八载的应该没什么问题。

如果真有看上的衣服，但两件都喜欢怎么办？我的经验是选第一件，因为后来喜欢的都会以第一件为参考基准，不如直接买第一件图个心安，后悔了，再来买呗，这事可以感性。

但如果在两个喜欢的人之间犹豫，选后来那个，如果前一个够好，就不会喜欢后面那个了，这事得靠理性。

归纳起来，就是只能拥有一个的，选后面的；可以同时拥有的，选前面的。

如果逛街能碰到那种奇特的小店就更有趣了，里面有各种文具、小本子、小卡片和各种有趣的书。如果这种店开在一个大商场里，简直就相当于夜总会里遇见了村上春树，浓妆艳抹的姑娘中跳出了个张曼玉。

如果店主再摆上很多哲学的书，也摆了很多文化研究的书，而不仅仅是畅销书，这简直就太有品位了。他喝着茶，你瞎逛着店，看到中意的书就拿下来翻几页，那种感觉就仿佛是在茫茫的人海中看了谁一眼，就迅速被击中了心，那种满足感和充实感，无以言表。这种情况，临走时我一定买走几本，虽然网上更便宜，但为了他的生意能够继续，为了这个店还能继续存在，必须照顾他的生意。

有书店的商场才有灵魂，否则全是物欲。

除了书店，厨具店也颇为有趣，虽然我不做饭，但一想到拿回去折腾太太，就莫名开心。

"这把铲子不错。"

"哟，这个打蛋器有特色！"

"这几双筷子也很棒。"

等到跟太太集合的时候，她兴高采烈地拿出新买的衣服，我左手拿着一把铲子，右手拿着一个打蛋器，嘴上咬着几双筷子。

我太太笑得前仰后合："别说我认识你。"

然后，把买的衣服装进袋子挂在我胳膊上，说："回家做饭去！"

我说："还不行。"

她问："为什么？"

我说："楼上有家卖按摩椅的店，我还要去按摩体验半个小时。"

机场里的小旅行

英国作家阿兰·德波顿曾经写过一本书，名字叫《机场里的小旅行》。他在机场待了一周，把观察到的人，包括安检人员、飞行员、机场牧师、空姐等，以独特的视角写下了他们的生活，读起来全是哲学味。

我在机场遇到的各种趣事，毫不哲学，不仅不哲学，还很让人哭笑不得。

有一次我在某地机场托运行李，地勤竟然递给我一张不是我名字的登机牌。好玩的是，我当时并没有觉察，于是就拿着自己的身份证和一张不是我名字的登机牌去过安检。

我自信地把身份证和登机牌递给安检人员，并且按照老规矩冲摄像头微笑着。而坐在对面的两个人，一个安检员，一个实习生，在核对了我的身份证和登机牌后，竟然给我盖了安检章。那会儿，我还是不知道我的登机牌打错了。

如此安检如浮云。

直到去了登机口，登机广播喊后舱先登机，我拿起登机牌核对座位号的时候,惊奇地发现我的名字竟然打错了!

我惊慌失措了,因为这时大家开始陆续登机。我跑回安检口,正好遇到一位安检负责人。

"这不是我。"我指着登机牌。

"那你是谁?"他严肃地看着我。

"这是我的身份证,身份证照片跟我一样,而登机牌名字跟我身份证不一样,所以登机牌不是我的,而身份证上的名字是我的。"

他边理顺我的逻辑,边问:"那你怎么进来了?"

"这也是我想问你的一个问题。"我冲他乐。

安检负责人显然已经不耐烦了,不再跟我啰唆,气呼呼地带我去安检口,把两个安检人员训了一通,然后转身对我说:"你去登机吧。"

"可是,这不是我。"我拿着登机牌说。

"你来不及了,赶紧去。"他用手指了指天,意思是广播在催促登机了。

"可是我坐谁的位子?"我很纳闷儿地问。

"就坐你手上这个人的位子。"

"那他坐谁的位子?"

"没准他坐在你的位子了。"他淡定的表情,让我深深怀疑他已经见怪不怪了。

于是,我平生第一次拿着不是我的登机牌,过了安检口,后来登机还坐了一个不是我的位子。

还有一次,正值钓鱼岛事件,国内反日情绪高涨,终于也让我在机场抓住一个机会表达反日的情怀。在沈阳机场排队等待办理登机手续，前面一个姑娘手持日本护照，我顿时豪情万丈，在不断思索过后，在她后面低沉地说："回去告诉日本人，钓鱼岛是中国的。"那会儿我俨然觉得自己在参加奥斯卡颁奖典礼。

说完我自己都感动坏了，那姑娘却转过身来用蹩脚的中文说："你着急？那你先办票吧。"然后开始眨动眼睛看着我。

我瞬间觉得刚收复的领土又陷落了……

除了这种尴尬的经历，我还爱上了航班晚点。

航班晚点，让我感觉就好像是小时候从自己的旧衣服里不经意间掏出了100元钱，出乎意料地兴奋。本来紧张的时间由于晚点，平白无故多了一些出来，紧绷的神经突然放松。于是，要么闲逛，要么坐在凳子上观察行人，要么戴上耳机看部电影，又或者可以留意机场里的趣事。

人一生的时间，总量或许上天已经确定，在哪里耗费不是耗费，顺其自然吧！

比如我看见机场书店里走进去一个穿着制服的安检小伙，从自己的口袋掏出皱皱巴巴的一把零钱，精挑细选地拿了一本光洁如新的《男人装》，嘴上咬着一小块面包，如饥似渴边走边翻看里面的图片，我瞬间被他感动了。

然后再偏头去看坐在我旁边的一个女生，赫然发现她正在浏览我的微博，我极度自恋又加了一点点忐忑不安的心情跟她说："哎哟，你在看我的微博呢？"

她抬了一下头，不痛不痒地说："我知道呀，可是鸡蛋好吃我非要跟鸡打招呼吗？"

这架势看上去俨然是钱锺书老先生的忠实粉丝。我估计，再搭讪下去就是暴力事件了，于是又去看坐在我对面的一个姑娘，端庄靓丽，心生无限遐想。

于是，搭讪说："你也飞深圳呀？"

她抬头看了看我："你觉得我会中途下机吗？"

我说："还好中间可以聊聊。"

她白了我一眼，说："你在看《读者》，而我在读 *China Daily*（《中国日报》），你觉得我们会有共同语言吗？"

气死我了，我都没好意思说她盯着牛皮癣的广告看半天了。

幸好这时开始广播登机，否则这机场里的小旅行非得闹出人命来不可。

清明

春雨如思，思念如凄

很多时候，一转身，就是一辈子。
所以，相见时，要心存善念，如初次谋面；
告别时，要郑重其事，像最后一次。

一转身，就是一辈子

人生最心痛的事情，莫过于以为只是暂别，轻松送别，笑着说再见，却永无机会再谋面。暂别成了永别，脑海里残留的是你转过身离去的背影，那些还没说出的话，就再也没有机会诉说。

一

微博上曾经有个女孩，每天给我发私信，诸如：
"今天我心情好好。"
"今天上班路上买了一个烤红薯。"
"被领导批评了。"
"我见了一个男生，好心动。"
"我买了一本书。"
"我终于挤上了地铁。"
……

我从来没有回过，她也从来没有间断过，整整一年的时间。

她习惯了倾诉，我习惯了倾听。

再后来，她私信说她要出国了，向我再见。

我说："再见。"

但是信息发送没有成功，点开她的微博，已经删光。

她从此消失在了茫茫人海。

我却不认识她，或许她也并不认识我。

我们，只是熟悉的陌生人。

二

我一个同学，要强得很，学霸，男的。

读书那会，每次都拿一等奖学金，毕业后，进了会计师事务所。有一次我遇到他，一起喝咖啡，他说累得身心疲惫，说再熬两年就好了，可以买一套房子，买一辆车，再娶个媳妇，生个娃。

再后来，我接到另一个同学的电话，说他死了，脑溢血。

我们几个同学赶过去，看到他泣不成声的母亲，不知如何安慰，任何语言都好苍白。

大家都散去，我对着他的遗体想说很多话，却无从说起，我记得最后只说了一句："唉，我去！"

三

在上海工作的时候，单位有一天忽然来了一个实习生，狮子座的女生。

有时候她约我出去逛街，有时候我约她出去看电影，但是手也没牵过。有一次过路口，一辆出租车快速驶来，她猛地拉了我一把，我笑，她也笑。

几个月后，她约我在人民广场溜达，我们吃着炸鸡。

她说她买了条新裤子，然后说实习结束了，她要走了。她说了一个单位，现在我已经不记得名字了。

晚上她发了一封邮件给我，上面写着："I'm very fond of you."（我对你有好感。）

我查遍了字典，想知道 fond 和 love（爱）的差别。

后来，她再也没出现过，连邮件都没有一封。

四

我家附近有一个菜市场，有一对夫妇卖馒头，摊位旁边趴着一只狗，说叫金毛，因为从淘宝买的，我就叫它"淘宝"。

它很乖，我儿子也很喜欢，每次我买馒头，儿子就摸这只狗，它趴着，一动不动。

后来，卖馒头的男人说狗丢了："金毛就是这样，谁带都走，也不反抗，白养了它，以后再也不养狗了。"停顿了一会，一字一句地又说："以—后—再—也—不—养—狗—了。"

但我儿子每次都会问："淘宝呢？"

那个男人都说："再也不养狗了。"

五

我老婆在阳台上养了很多植物，我也叫不上名字，每次回家她都拉我去看，说发芽了，说要开花了……

有一次，我们在美国待了一段时间回来，她站在阳台说："都枯死了。"

我说："没事儿，再种呗。"

她说："我还以为能养到开花呢。"

我说："我去给你买一束花回来。"

等我买回来，发现她已经把花盆清理干净，叠起来放在了阳台的角落里。到现在，我也没见她再养过花。

六

我一个朋友的父亲，得了癌症，治疗了三年，最近他跟我说："自己出差在外的时候，父亲走了。"

他说得很平静。

他说父亲生病的这几年，最触动他的，就是当他把父亲抱在怀里，父亲瘦骨嶙峋，只有几十斤的体重，他酸楚万分。

他说，那一刻，感觉生命反转了过来，他感觉父亲就如同一个孩子，躺在他怀里，如此脆弱不堪。

他说人总要学会告别，虽然不舍，却也知道，告别对彼此，都是个解脱。

很多时候，一转身，就是一辈子。

所以，相见时，要心存善念，如初次谋面；告别时，要郑重其事，像最后一次。

世界的孤儿

一个平常的夏日,我坐的航班刚降落在深圳机场,就接到了我大姐的电话,电话里大姐哽咽地说母亲紧急入院了,这次恐怕吉凶未卜。我脑袋也是"轰"的一下立时空空荡荡,拖着行李在深圳机场发呆了很久,然后开始给后面的合作方挨个打电话取消各种行程。因为在我心中,没有比家人更重要的,我不会为了某个至高无上的荣耀放弃陪伴病危的家人。

所有合作方都表示理解,大家都说别心急,一切都会好起来的。取消完行程,我就预订了飞济南的机票,还有两个小时的空隙,望着机场里来来往往的人群,双眼模糊,心里翻江倒海,焦躁不安。

我出生在山东潍坊的一个农村,母亲虽然没读过书,却说过很多至理名言,比如:

"要走好路,不要走歪门邪道,否则会掉到井里。"

"每个人都有需要帮忙的时候,所以能帮人就帮,有个好人缘才能混得开。"

"庄稼地里不除草,再好的地都没收成。"

我就在母亲这种最朴素的自然哲学中滋养成长。

母亲的针线活很好,所以经常在我的裤子或者棉鞋上绣上各种花鸟虫鱼,刚开始我觉得很新鲜,稍微懂点事就觉得作为一个男孩子,穿这些很丢人,于是用墨水都涂黑。母亲就是笑笑,下一次继续给我绣各种图案,貌似她喜欢这种艺术创作,而我则破坏了她的艺术。

后来我要去外地读初中,寄宿的那种,母亲周一早上就用自行车把我送到学校,然后再自己赶各种集市。冬天的时候,早上五六点钟经常是漆黑一片,农村又没有路灯,有一次自行车经过一个大坑,我跟母亲都飞了出去,在漆黑冰冷的夜空下,母亲喊着我的名字,摸到趴在地上的我,紧紧地把我抱在怀里。那一刻的温暖,让我永生难忘,所以在后来的日子里,每次赶夜路都能联想起母亲的呼喊声和那刻母亲拥抱的力道,那力道大到可以抵御任何黑暗的恐惧。

有一次小学运动会,我跑完一圈,看到母亲正在跟人闲聊,别人说:"这是你儿子啊,跑得好快。"我母亲接话说:"对吧,就是很快。"她不会客套,因为儿子就是她最自豪的对象。母亲对我的信心,给了我极大的自信,所以我从小的志向渐渐地从村子,变成镇,变成市,变成省,变成国,而后变成了世界。

母亲岁数越来越大,我也离得越来越远。去外地求学,去更远的外地读书,收到她的电话,大致意思都是勿挂念我们,你好好的才是最好,有空就回来,没空就好好工作打拼。在母亲的言语中,她永远想表达的是,父母不需要你费心,你怎么开心怎么来。我知道她说的是真心话，对于母亲来说，孩子是她的一切，所以只要孩子好，就是她最大的信仰。

等我赶到医院的时候，母亲手术已经做完，大夫说如果母亲晚来医院半个小时，恐怕就难以挽救回来了。姐姐说妈知道我要回来，刻意让她用毛巾擦了脸，也梳了头，这样可以让自己显得精神些。我握着母亲的手，心疼、心酸、爱怜齐刷刷涌上心头，说不出一句话，泪流满面。

在医院陪伴母亲的时间里，我跟她聊起好多我童年的能记住的往事，我说着梗概，母亲随时补充着细节，不知不觉说了半个月，竟然发现还没说完。对于年事已高的母亲来说，所有最清晰的记忆，都是关于我的，因为孩子是她的一切。

现在母亲已出院，处在疗养中，经历了这么一次劫难，我再也不敢关机，再也不敢让手机静音，因为我怕突然间，我就会错过最后的陪伴，而成为这世界的孤儿。

凡是发生的必然要发生

凡是发生的事情,注定是要发生的。

这句话特别能安慰人,简单说就是人生中没有偶然的事情。如果有偶然的事情,你就会想凭什么独独发生在我身上,而如果都是必然的事情,那是一定会发生在我身上的。这样一想,人就释然了。

就好比你在书店看到我这本书,而旁边有人看到你拿起这本书,你们聊了聊,然后一起去喝了咖啡,然后留下了彼此的联系方式,再然后结婚组合成了一个家庭,生了一个孩子……你们千万不要以为你是偶然拿起我这本书的,你是必然会拿起来的,因为你们本来就要在一起。

反正这事没有办法去验证说:"如果看不到这本书怎么办?"

这是宿命论吗?这事我们得从发表这个观点的大哲学家斯宾诺莎说起。

提起哲学家里道德最高尚的人,斯宾诺莎若说第二,没人敢说第一。

"斯宾诺莎或许在才华上不是最厉害的,但道德上无人可以超越他。"这是罗素对他的评价。

当我把斯宾诺莎讲给我的学生时,他们总把他记成劳斯莱斯,或者是凯迪拉克……这些西方哲学家的名字确实不好记,我都没好意思说罗素的全名叫伯特兰·阿瑟·威廉·罗素。

斯宾诺莎的父辈都是葡萄牙人,那时候的葡萄牙归西班牙管,国王是腓力二世,这个皇帝是一个天主教徒,老婆是玛丽一世,也被称为"血腥超级玛丽",以迫害杀害犹太教徒闻名,所以斯宾诺莎家就是异端,必须被铲除。

不过好在斯宾诺莎的父辈们用尽了办法,最终逃到了荷兰,于是斯宾诺莎就在荷兰出生了。

当时的荷兰是欧洲最开放和最具有包容性的国家。按理说,斯宾诺莎可以过上快乐的生活,可是斯宾诺莎是个哲学家,而哲学家最显著的一个标志,就是喜欢怀疑与思辨。可以这么说,如果没有怀疑和思辨,就没有哲学,那就是宗教了。所以,宗教和哲学基本上是一对宿敌。

因为斯宾诺莎经常对宗教的很多事情提出疑问,诸如你说有地狱,那你给我看看,你说有天堂,你给我看看,你说的我看不到,那你凭什么说有?谁去过?你站出来给我讲讲,我问你上帝长什么样子……这些问题让教会的长老们很心塞。

于是,一位很有名望的长老找斯宾诺莎谈心,说你放弃你的主张,如果你放弃,我给你一笔钱。斯宾诺莎断然拒绝,于是犹太教把他开除了,那一年斯宾诺莎 24 岁。我 24 岁的时候还忙着谈恋爱呢,人家都已经被教会开除了。

但凡用暴力解决问题，一般就说明你无能到极点了，因为暴力是没有办法的做法，当你使用暴力的时候，就说明你根本没法也没有能力讲理了。

教会开除斯宾诺莎的时候，顺道"祝福"他：让他白天受人诅咒，夜里受人诅咒，躺下受人诅咒，起来受人诅咒，出去受人诅咒，回来受人诅咒……诅咒，诅咒，全是诅咒。可见，教会已经气急败坏，诅咒人已经全然不顾形象了。

于是没有人搭理斯宾诺莎，连后来另一个大哲学家莱布尼茨拜访完斯宾诺莎都不敢承认。屋漏偏逢连夜雨，斯宾诺莎的父亲也不愿意收留他，觉得他无药可救，结果很快，他父亲去世了。

斯宾诺莎的父亲去世后，他姐姐要独占财产，斯宾诺莎坚决予以反击，为此打起了官司，结果斯宾诺莎赢了，但他马上把赢得的财产又送给了姐姐。意思是，是我的，必须是我的，但我送给你，这是我的决定，而你不可以侵占属于我的东西。

斯宾诺莎就是这么一个人。

同时，他是一个非常清贫的人，普鲁士的贵族想给他很丰厚的待遇，邀请他讲学，前提是不能讲触犯宗教信条的观点，但斯宾诺莎断然拒绝。

路易十四说只要斯宾诺莎在书的封面写上献给路易十四，就可以获得一笔丰厚的钱，斯宾诺莎说我只会把我的著作奉献给真理。有个富商想直接送给斯宾诺莎一笔钱，他就劝那个富商送给另一个人。

穷困的斯宾诺莎晚年搬到了荷兰的海牙，靠打磨镜片为生，因吸入大量粉尘患上了肺结核，最后在饥寒交迫中死去，那一年他45岁。

斯宾诺莎就是这么一个人，为人非常温和，却刚毅十足；为人穷困，却不受嗟来之食；一生光明磊落，人格毫无瑕疵；不怎么发脾气，却从不放弃自己的见解。

那么，斯宾诺莎又提出了哪些见解呢？

他认为，整个世界是一个"实体"，人、事、物都是这个"实体"的一部分，所以不会有消亡这种事情，哪怕你死去也会转化为其他形式的存在，整个"实体"不会发生变化。因此，不用惧怕死亡，不用伤心亲人逝去，因为他们依然是"实体"的一部分。

任何发生的事情，都是必然发生的，都是安排好的，所以没有必要大喜大悲。凡是离开你的必然就不属于你，已经发生了的就不必去纠结，好的坏的照单全收，只有接受下来，才能轻装上路。

如果用更全局的观点来看世界，每个人都不过是一个小小的粒子，所以你觉得自己过不去的事情，也不过是昙花一现。这样想来，特别让人能放下。

只享受为保持健康所必需的生活乐趣，只求取为生活和健康所需的金钱，把更多的精力用在探索和求知上，只有这样才能过好每个时点。

所以，今天你读到这篇文章，不是偶然才读到的，是必然会读到的。这么一想，还真是觉得神奇无比哈！

谷雨

谷雨断霜，万物生长

:)

  我喜欢的婚姻生活是这样的：两个人有各自热爱的事业，工作结束回家腻歪在沙发上，陪孩子看电视。或一起做饭，一起打扫房间，彼此微笑，晚上抱着睡去，早上彼此吻别去工作。一起旅行，一起看电影，一起逛街，有什么话首先会对彼此说起。
  简简单单，干干净净，如刚洗过的白衬衫。

找个能说到一起的人结婚

每个人都不能说自己对婚姻很有经验，每个人都有自己的感受，冷暖自知。

比如有人喜欢被虐，不虐她还觉得对方不男人；有人就喜欢屈从，因为她根本没有主见，你让她拿个主意，好比要了她的命。

所以，接下来我们要谈的，你也不必太当真，因为我讲得再好，也未必适合你独特的婚姻样本。

我觉得人的一生面对两个重要的课题：怎么过？跟谁过？

怎么过？需要自我的反省，它包含三个小问题，需要你真诚地跟自己做个交谈：一是过去怎么过的？这句话好别扭，就是自我认知走过的路。二是现在怎么过的？现在的生活你满意吗？为什么满意或者不满意？三是接下来怎么过？

跟谁过？这个问题就不是自己想想就好的，还要根据对方来做出判断。从大家给我微信留言的问题来看，这类问题占了80%以上，诸如另一半出轨了，自己怎么办？自己爱的人不爱自己，怎么办？有了孩子想离婚，怎么办？异地恋，是不是必须一方要放弃？

这些问题看得我眼花缭乱，真是幸福的婚姻大致雷同，不幸的婚姻却各有各的不幸之处。

接下来我以一个过来人的身份，充当一回心理医生，提供几个观点。

一

婚姻不是药，恋爱的问题不要用婚姻来解决

其实很多人在走入婚姻殿堂前，就明显知道双方是不合适的，但是他们天真地以为，结了婚就好了，婚姻真的是解决不合适的药方吗？当然不是，婚姻是两个人合适的结果。

如果恋爱时存在问题，你千万不要以为通过婚姻就可以解决。如果谈恋爱都感觉不舒服，那婚后会更不舒服。为什么？因为婚姻后会放大这种痛苦，比如洗碗、做饭、拖地、整理房间，这些鸡毛蒜皮的事都会放大两个人的矛盾。

任何一段凑合的婚姻，最后都会演变成一段悔不当初的未来。如果恋爱中你无法从对方那里发现自己的美好，那婚后定会是魔兽争霸的噩梦。

还有一个很傻的想法是，婚姻过不下去了，那就生个孩子解决吧。干吗要两次犯同一个错误，用一个错误去解决另一个错误？

二

离婚还是不离婚,不要把孩子当借口

第一个问题属于早期预防,有人说那我结婚后发现不合适,我该怎么办,毕竟我们有个孩子。

孩子是无辜的好吗?不要总让孩子来作为你的理由和借口。

我并不认为婚姻维持得久就是好,我也不嘲笑那些和平离婚的夫妻,相反有时我钦佩他们的勇气。

前文讲过我有一位朋友,跟老公从决定离婚到办完离婚手续,两个小时搞定,然后自己带着孩子从北京搬到了上海。我问她怎么想的,她说:"单亲家庭总比每天吵架的氛围好,而且爱已经没有了,我为什么要把自己的余生这样熬下去?"

而且我发现一个有趣的现象,往往一个男人说要离婚,拖拖拉拉好几年了都没有实际行动,反而是一些女人要决定离婚,真的是快刀斩乱麻。可能,男人怕分财产吧,也可能女人真的是爱情的生物,没爱了,真不能凑合。

还有个朋友,离开了工作10年的公司,也结束了5年的婚姻,只身带着3岁的孩子从南方去了北京,租房子、找幼儿园、找工作,重新拼搏。我问她:"是什么让你做出这么有勇气的决定?"

她说:"人生太短,还有很多事情没有尝试,如果不试一把,我肯定会后悔。"

我问:"不累吗?"

她说:"自己愿意就不累,虽然比之前忙了点,但特别充实。"

我瞬间被她励志了。

三

习惯就好，一切都是自己的选择

有人说，你说起来简单，但是我听过很多道理，依然离不了婚啊。

这也是一种生活态度，人生就是自己的选择，然后自己负责。也有人觉得虽然我很想离婚，但我就是不离婚！就不离婚！就不离婚！

那就不离呗，法律又没这规定，说结了婚非要离婚玩。我也见过很多夫妻，打打闹闹一辈子，最终也过得不错啊，这也是一种生活态度，不是吗？彼此价值观这种底层结构没问题，凑合着过也挺好，比如我，现在就是这样。我也没觉得结婚这十年，每天都浪浪漫漫，每天都惊喜连绵。更多的感觉是：习惯了。

因为习惯了，所以能接受彼此无关紧要的差异。

四

脾气相投是关键，长相是浮云

总有人问我："要跟一个长得好看的人结婚，还是脾气相投的人结婚？"

如果在长相和脾气相投之间选择结婚对象，我肯定选脾气相投的人，因为一辈子太长，长相很快就不靠谱了，反而脾气相投太重要了，否则在郁郁寡欢中相伴一生，会折寿的。

其实，我喜欢的婚姻生活是这样的：两个人有各自热爱的事业，工作结束回家腻歪在沙发上，陪孩子看电视。或一起做饭，一起打扫房间，彼此微笑，晚上抱着睡去，早上彼此吻别去工作。一起旅行，一起看电影，一起逛街，有什么话首先会对彼此说起。

简简单单，干干净净，如刚洗过的白衬衫。

我老婆是这样驯化我的

朋友们在微信上聊天，我正在熨衣服，就随手拍了一张照片，说："正忙着呢！"

大家就惊呼："居家小能手啊！家务好男人啊！"

……

被这么一提醒，我也顺便回顾了一下自己10年的婚姻生活，是如何一步一步神奇地活到今天的。

忽然惊觉，其实结婚后的第一年我好像就被驯化好了。第一年是什么样子，一辈子就是什么样子。第一年过后，一个从此心甘情愿，一个从此悠然自得。

结婚后第一个月

我老婆是个特别"浪漫"的人，有天半夜突然把我叫醒："老公，你快来看，外面好多漂亮的星星。"

我刚站到窗边,她说:"你帮我看着我的星星,我先去睡一觉。"

这还不算最"浪漫"的,后来连续七天睡到半夜她都踢我说:"快去看看我的星星还在不在。"

直到我给她买了条项链,这"幸福"的日子才结束。

从此我就能领会老婆的意图了,凡事发生必有因由,要多去思考。比如,老婆说好累,那肯定是需要按摩;老婆说最近不开心,那肯定是需要买包。诸如此类。否则,轻了说睡眠质量很难保证,重了说发生类似《午夜凶铃》的情景都极有可能。

结婚后第三个月

老婆在我的衣服上发现了一根长头发,面对质询,我做出了明确的解释:

"昨天逛街的时候,我回头一看找不到你了,我就很着急,于是把所有路边的店和它们的试衣间都找遍了,也没看到你的影子,直到我站在太阳暴晒的路边看到你拎着大包小包出现,我悬着的心才放下来。"

老婆开心地问:"我当时身上的衣服漂亮不?"

自此我发现,衣服漂亮这件事非常重要。

"你今晚怎么这么晚回家?"

"老婆,你身上这件衣服真漂亮!"

"真的啊,今天我刚买的,我跟你说啊……"

对了,你问那根头发怎么回事,我怎么知道啊?很多事情我也解释不清楚啊!

就好比还有一次,我打算出门去理发,刚关门就想起忘记带钥匙,情急之下去拉门,手机掉地上,用手去测试屏幕却被划破手指。敲门去邻居家要创可贴,隔壁女主人热情款待,结果她正炒的菜煳了,她跑去厨房滑倒在地,我去扶她,她说轻点好疼。这时她老公回家,见状问我们在做什么,我说我打算去理发,他好像不信的样子。

唉!后来我跟老婆说这事,她说她也不信。

我就问:"今天你买的衣服呢?"

她说:"对了,我穿上你看看漂亮不?"

结婚后第五个月

我老婆也不知道从哪里学了这些话。

问她:"你怎么把好吃的菜都摆自己面前啊?"

她说:"自私啊。"

问她:"你怎么不拖地啊?"

她说:"懒啊。"

问她:"你说话咋这么难听啊?"

她说:"素质低啊。"

问她:"你买这么多衣服干啥啊?"

她说:"不懂节制啊。"

问她:"那你知道我为什么跟你结婚吗?"

她说:"傻啊。"

我竟无言以对……

后来我明白了,这是沟通的至高境界,就是"噎死人不偿命大法"。但凡出现这样的问题,一般就是她想做个安静的美老婆,我就主动闪去书房读书,诸如《非暴力沟通》和《佛经》之类。

过几十分钟她就会过来说:"你想知道我为什么自私、懒、素质低、不懂节制吗?"

我说:"可能是你太谦虚吧。"

她说:"那我就不谦虚地告诉你原因啊……"

结婚后第七个月

婚后,渐渐地,我老婆体重开始"不太轻了",想出这么个词我也真的是不易。

起初我老婆量体重,都是说:"你离远点,否则影响体重计的准确度。"

一天她突然对我喊:"老公,你快过来帮我看看体重计,我看不太清楚数字。"

我就知道,她减肥成功了。

这种默契基本只能靠悟，我的经验是，将心比心。

就好比有一天老婆问我："假如你是个女人，你会嫁给像你这样的男人吗？"

我说："断断不会。"

她说："我为什么愿意呢？你明白我的不易了吧？"

我问她："假如你是个男人，你会娶像你这样的女人吗？"

她说："那太幸福了。"

我忽然觉得自己确实是捡了个大便宜。

结婚后第九个月

一天早上 7 点，被老婆喊起床，说阳光好、天气暖，要出去踏青。等我洗漱完毕，她在化妆，我开始看电视。

她说："天气好，要出门，你怎么还在看电视？"

等我关上电视，准备出门，她还在化妆。于是，我开始坐在电脑前打游戏。

她说："这么好的天气，不出门却打游戏？"

到中午了，还没出门，我深深自责：我效率怎么这么低，影响了老婆的出门计划……

这件事我的感悟是，老婆化妆的时候我不应该做其他的事情，应该坐在她旁边，边看边不屑地说："长得丑化妆也就罢了，明明有些人天生丽质还要浪费这个时间，无法理解。"

她立马就会站起来说:"老公,出门!"

结婚后第十二个月

有了宝宝后,一天晚上,老婆对我说要分担家务。

她问我:"洗碗跟拖地你选哪个?"

我说:"洗碗。"

洗完碗后老婆又问:"给小孩洗澡跟拖地你选哪个?"

我说:"拖地。"

拖完地后老婆又问:"洗衣服跟给小孩洗澡你选哪个?"

我说:"给小孩洗澡。"

洗完小孩后老婆又问:"洗衣服、带小孩睡觉你选哪个?"

我说:"洗衣服。"

洗完衣服后看到老婆和孩子睡着了,我忽然觉得好像哪里不对……

我老婆经常说,过日子重要的是公平,而通过这件事让我深深感悟到,小时候会做选择题是多么重要。要知道,我怎么也是小学毕业的人,所以当然也立刻学会了。于是,有一天我问老婆:

"洗碗跟拖地你选哪个?"

她说:"洗碗。"

等我拖完地,我问她:"洗小孩跟洗碗你选哪个?"

她说:"洗小孩。"

等我洗碗结束问她:"洗衣服和洗小孩你选哪个?"

她说:"洗衣服。"

等我洗完小孩问她:"带小孩睡觉和洗衣服你选哪个?"

她说:"带小孩睡觉。"

洗完衣服我觉得,一切都在我掌控之中,但是这次又是哪里不对呢?算了,脑子不够用,很乱!总之,生活要公平,否则日子没法过,而我们家过日子,你也看出来了,非常公平。

综上所述,我能活到今天,真的是个奇迹。

其实,过日子就是个不断磨合的过程,而刚刚结婚第一年的磨合就尤为重要,因为它决定了很可能是你们生活一辈子的模式。不要轻易冷战,不要把离婚挂在嘴边。两个人在一起,要变成一家人,需要的是宽容与理解,还需要有一个愿打一个愿挨的精神。

一个好的爱人会让自己变得更好,一个差劲儿的爱人会让自己陷入抓狂、猜忌、崩溃的状态。一个好的爱人会让你发现自己的美好,而不仅仅总被贬低,觉得自己一无是处,逐渐丧失了自信。

因为她很阳光,自己也快乐起来,因为她睿智,自己也知性起来。一份美好的爱情应该激发很多善,而不是把恶诱发出来,觉得自己无比讨厌。

因为爱,一切都可爱。

我就不信管不了这个家

如果想一年不得安宁，装修。

如果想一辈子不得安宁，结婚。

如果想死不瞑目，生娃。

节前回家，老婆说来份惊喜，我以为要从衣橱里把隔壁老王变出来，结果定睛一看，我家的厨房被人炸了！

我问："家里煤气爆炸？"

她说："我找人砸的，我要装修了！"

我说："上个月不是刚装修过吗？"

她说："我不满意了！"

然后她看了看我说："其实我对你也不是很满意了。"

吓得我赶紧闭嘴，怕再说下去脸上就要被重新装修了。然后，她拿出一个任务清单：

老公负责定橱柜风格，老婆协助。

老公负责跟踪装吊顶，老婆协助。

老公负责监督铺地砖，老婆协助。

老公负责支付装修费，老婆协助。

然后她补了一句："我是贤内助。"

于是端午节第一天，我们去了装修市场看橱柜。

老婆问："你觉得蓝色怎么样？"

我说："厨房怎么能是蓝色呢，多压抑啊。"

她又问："你觉得白色怎么样？"

我说："白色好，白色显得清爽。"

她又问："你觉得淡黄色怎么样？"

我说："我还是喜欢白色。"

然后店老板过来对她说："您上周定的蓝色，下周就可以去装了。"

我说："你都定了，还问我做啥？"

她说："我们家要民主。"

我说："可我没参与啊。"

她说："刚才你不是都表达过意见了吗？只是我不同意罢了。"

端午节第二天，我们去谈吊顶，我吸取了第一天的教训。

先问店员："这事我老婆跟你确定没有？"

他说："没有。"

我老婆说："吊顶反正都一个颜色，直接付钱吧。"

我说："我觉得吊顶上还是要多加几个灯孔。"

老婆说："老公英明！"

店员冲我笑："这年头老公在家里能有这个魄力的，不多了。"

端午节第三天，我们去买瓷砖。

我看到颜色样式很多，心想终于可以做主了，就跟店主说："我要这个米黄色，显得温馨。"

我老婆说："你做饭吗？"

我说："不啊。"

老婆又说："那你为什么有权力决定厨房的事情？"

我无语。

老婆说："这样吧，米黄色可以，以后厨房你负责拖地和洗碗。"

我说："可以。"

至少此刻，我享受到了当家做主的快感。

下午回家，我坐在沙发上，想着我瓷砖的颜色，心里那个暗爽啊："就是想让这娘们儿知道，家里到底谁做主，到底谁说了算。"

这时老婆坐过来换了个台，微笑着跟我说："我本来就想要米黄色瓷砖的。"

我那统率千军万马的豪气，立刻溃不成军。

立夏

万物并秀,各守其色

在自己的世界里孤芳自赏,
在别人的世界里随遇而安。

自己和别人的关系

从出生那一刻开始,这世界就有了自己和别人,也从那一刻开始了自己和别人较劲的一生,这场战斗最重要的参与方是:别人的期待和自己的梦想。

年少的时候父母对自己有各种期待,我父母就特别期待我成为一个村干部,最高级别能想到的是镇干部,而我总想逃离家乡去大城市。这场战斗,一直持续到我自己有了儿子,才算平息下来。尽管如此,逢年过节父母依然会说:"当年如果你要是听我们的……"言外之意,你看你现在这个可怜兮兮的样子。

再长大一点儿,这个别人,就演变成了朋友、领导、同事,甚至各种不认识的人。比如,我写东西都会有这样的问题:写生活,有人就说你怎么不写时政;写时政,又有人说你怎么不说说某明星出轨的事情,人家毕竟一辈子可能就这么一次,你就不关注一下吗?

总之,各种千奇百怪的期待。

所有这些期待,我都归结为:绑架。

别人都要通过绑架"我这个自己"的行为,实现"他们自己"

的想法,而如果你稍微懦弱一点,就会屈从,然后让自己在讨好别人的过程中,迷失了自己,从而让自己什么都不是。

米开朗琪罗曾经说过:雕像本来就在石头里,我只是把不要的部分去掉。这个雕像对每个人来说就是你的自己,而需要去除的是外界的期望。这把雕刻的凿子是人格的独立,若经常反省叩问内心,那么雕出这个雕像的时间就会缩短。

可惜的是,大部分人把时间用在了寻找各种装饰品上,特别是用别人的期待,来粉饰自己以为丑陋的石头。

记住,不要把精力用在讨好别人上。

况且,有些人不管自己如何讨好,他都不会满意,甚至自己不断努力地去改变,企图让他喜欢,他都觉得理所应当,不仅理所应当,还觉得你做得还不够,于是就开始了各种蹬鼻子上脸的犯贱。

我玩微博的时候,有个自己喜欢的明星关注了我,这让我在开心的同时也伴随着紧张,以至于不知道如何发微博,总想:"我发什么她会喜欢。"后来,我把自己的困惑告诉了她。

她说:"别人关注你就是希望看到一个不一样的自己,你却绞尽脑汁成为对方,这就偏了方向。其实,做最真实的你才是最值得别人关注的,如果别人不欣赏你不好的一面,那也不配拥有你好的一面。"

从那刻开始,我在微博上几乎就不再关心别人希望我如何,当然这中间很多粉丝失望地离开了,但留下来的却是真正喜欢我的人,他们被我坚持的风格和气质所吸引,而成为真正喜欢我的人。

在自己和别人的关系中,除了有这个"别人的期待"与"自己的想法"之间的斗争，再进一步的问题是：既然每个人都要做自己，那么你也不能要求别人成为你想要他成为的人。否则，自己就是在"绑架"别人。

这样一来，你就能理解，不是每个人都能处于自己的素质水平上。比如，自己礼让，别人推推搡搡；自己谦卑，别人趾高气扬；自己忍气吞声，别人蹬鼻子上脸；自己打扮得花枝招展、风度翩翩，别人一胳膊肘就把你挤下地铁，让你狼狈不堪。

每当此时自己就窝火愤怒，而此刻你或许就明白了素质这玩意儿不能用来要求别人，只能用来约束自己。因为，他们也要"做自己"，他们就是那个素质水平，而你的恼怒是因为他们没有成为"你期待的那个他"。

除了素质，还有别人的嘴。

你永远管不住别人的嘴，别人怎么说，那完全是他的事情，因为嘴长在他身上，他拥有支配权。说出来的是什么，完全是由他的素质决定的，不必心怀芥蒂，也不必过分在意，听着不爽了就去打官司，否则说什么、怎么说那是别人的自由，而听不听却是自己的权利，想清这件事，人生就轻松了很多。

另外，摆脱了别人"绑架"的同时，也要记住不去"绑架"别人。

这样在坚持自己梦想的同时，也与别人组成的世界达成了和解。毕竟，这个世界可以跟你期待的不同，因为别人也要做自己。

总之一句话：在自己的世界里孤芳自赏，在别人的世界里随遇而安。

朋友如三餐

朋友如三餐。

一类朋友如早餐，对方再好也只会浅尝辄止，嘴上说重要，但大部分时间都是可有可无。

一类朋友如午餐，好不好不重要，重要的是需要，为了生存，每天都得客客气气，绝不可少，深交不了，也得罪不起。

一类朋友如晚餐，在你最疲倦、最脆弱的时候陪着你，细嚼慢咽，方品得其中滋味。

其实还有一类朋友如消夜，他们是红颜或者蓝颜知己，深更半夜无话不谈，偶尔让人蠢蠢欲动，却不能作为主餐，吃多了对身体不好。所以，半夜发美食照的人，心里其实都开着一朵含苞待放的桃花。

早餐朋友多属逢场作戏，多见于各种应酬聚会，大家见面谈笑风生，感觉熟悉得不得了，转身就在纳闷儿："这人是谁啊？"

其实这类朋友算不得朋友，因为朋友是需要维系的，哪怕是寒暄，哪怕是客套，因为你不联系我，我不联系你，感情就疏远了。

打电话过去,可以问问工作的近况,可以问问家庭的状况,可以聊聊他的心情。所以,这类无须维系的早餐朋友或许列入"待选朋友"的列表更为合适。

很多微信好友也是早餐朋友,其实早就彼此屏蔽了朋友圈,也从不联系,只是不好意思彼此删除。

有些微博好友,其实也早就彼此屏蔽了微博更新,也从不互动,只是不好意思彼此取消关注。

这是最累的一种关系,既不靠近也不远离,既不交往也不绝交。

午餐朋友重要的是利益交往,比如客户和合作伙伴。这类朋友,交往的不是友谊,是利益,其实这类朋友交往很简单,就是需要职业。我在江湖上混得越久,越喜欢职业的人,言必信,行必果,答应的事情一定兑现,说好的事情一定照办,遵守契约,利索爽快,跟这种人交易,成本最小,互信程度最高。相反,不职业的人,总会扯情感,在小便宜上啰里八唆,浪费彼此时间,让交易成本变高。所以,跟这类朋友交往,要按契约合作,按规矩行事,不在其中的,用钱说话。

跟午餐朋友合作是很愉快的,因为友谊的事归友谊,商业的事归商业。用友谊去谈商业,终有一方会觉得亏欠,朋友也不会长远。用商业去谈友谊,本来就以利益为基础,利益不均友谊也就土崩瓦解。朋友如果非要一起做生意,我觉得最好是角色清晰,吃喝玩乐的时候谈交情,商业合作的时候一板一眼讲规矩,这样关系才能保持得长久。

跟晚餐朋友的交往就需要费点儿心,需秉持下面四个原则:

私下聚会聊天，酒桌上说的话未经同意绝不公开。此所谓君子把欢，信任优先。

　　对方不愿意说的事绝不打探，比如隐私。此所谓君子相交，尊重底线。

　　任何情况，不背后说三道四。此所谓君子不见，不论长短。

　　如果决定不再来往，好聚好散，不恶言相向。此所谓君子绝交，不出恶言。

　　至于消夜朋友，重要的是暧昧。他们很傻很天真，你讲什么他们都充满好奇，哪怕你讲个民国时期的段子，他们都哈哈大笑，笑点低到让你振奋不已。他们擅长倾听不太插嘴，你讲个没完他们也不会有丝毫不耐烦，虽然帮不上却也不离场。这样笨傻呆萌的朋友，没事就想厮混在一起。至于聪明绝顶话痨不息的朋友，没事哪里想得起来啊！

　　跟早餐朋友保持距离，不必太过浪费时间。

　　跟午餐朋友尽量职业，不要磨磨叽叽没完。

　　跟晚餐朋友无话不谈，不要一联系就是借钱。

　　跟消夜朋友暧昧聊天，不要越界去滚床单。

有些事，不必说破

看过很多对成熟的定义，我最喜欢的一个是：成熟就是在表达自己和体谅别人中间寻求一种平衡。

如果只知道尽情表达自己，就变成了卖弄文辞显摆自己，是一种强势。而如果只知道体谅别人，就变得唯唯诺诺没有主见，这是懦弱。在表达自己、话要出口的那一刻，想一下对方的接受能力，再决定这个话用什么样的语气、什么样的方式，甚至到底能说还是不能说，这就是一种成熟的举动了。

这种感觉就好比是，在打开水龙头尽情享受清水喷涌而出的感觉的同时，有一个回拧水龙头的动作来控制水量。

比如，一群人在聊着星座多么多么神奇，你没必要来一句："星座就是扯淡。"尽管你可能觉得确实是扯淡，比如我就这么认为，但也没必要破坏别人的兴致，因为你这一句话搞得大家再也不想理你了，恨不得你越早离开越好，虽然你的观点没错，但你错在不懂人情。

再比如，别人在朋友圈里正在参加国庆节旅行摄影大赛，就是发朋友圈而已,这样说比较文艺,你也没必要说:"看来你是第一次出门啊!"这么激动,你的朋友肯定会在是否删除你的想法上徘徊很久,他可能真的是在显摆,问题是你看着不顺眼,但人家也不违法,显摆一下怎么了呢?你看着不顺眼你可以屏蔽,不必明知道说出来让别人难受,还用语言对别人施加暴力。

我老婆最近迷上了一款手机游戏,而我是个对任何游戏都不上瘾的人,玩两天就觉得这些玩意儿完全吸引不了我,读本书多好!那么多人类的智慧还看不完,玩什么电脑游戏?

于是我对她说:"这种游戏完全就是给弱智设计的。"

她听完勃然大怒,晚饭的时候放了很多盐,如果不是吃得少,我肯定被齁死了。

我或许说得没错,但我错在了语言暴力。

于是我也下载了同一款游戏,当着她的面玩了两天。

她说:"你不是说这是弱智玩的游戏吗?"

我说:"如果我们的智商不在一个层次,怎么可能会结婚呢?"

所以,撩妹这种事情,我只服我自己。谁说生活一定要揭穿呢?我们都不是上帝,没有这样的智慧,也没有这样的权力。

那怎么办呢?

首先,我们要明白,一个人突然想通一件事,如醍醐灌顶,如振聋发聩,从此境界大不相同。这或许跟时间有关系,也或许跟阅历有关系,但不到那个节点,无论别人如何苦口婆心,都无法消除困顿。所以,给别人提意见,不必着急上火,他需要的或许不是建议,而是时间。

其次，尽管我们很多事情特别想一语道破，但也要考虑什么场合、什么方式、用什么语言。有这份用心，就是在打开水龙头时，又做了一个回拧的动作。

最后，自己觉得无聊幼稚的事情，或许别人乐在其中，这很正常。人生本来已经这么无聊，不无聊地打发时间，难不成个个都活成程序，非来一个逻辑严密的层层论证？其实，人生就是由无聊组成的。而且，人家愿意无聊，你管得着吗？

看破，不一定说破。

说破，不一定爆破。

童真的故事

我有一位朋友，我叫他童真，别人喊他贞子，其实他是个男的。

但是他一点儿都不爷们儿，在我很多女性朋友眼里，他近乎一个娘们儿。因为他招之即来、挥之即去，无论是饭局、牌局、影局，还是公安局，只要你一个电话，他一定说："好，没问题，我马上到。"

公安局他也真是去过的。

我们的一个朋友因为生意惹上了官司，又不知何种原因被人请去喝茶，那是一个半夜。朋友打了一圈电话，大家不是在打牌喝酒，就是在撩妹，还有的哭丧着说在办公桌旁陪老板加班的，朋友说你个爷们儿哭丧啥，对方说老板是个男的。

后来朋友只能来找他。童真说："好，没问题，我马上到。"后来据说是在公安局门口陪着朋友守了一夜，朋友在里面，他在外面。

他后来说："要是我走了，别人打他怎么办？"

我想，你真的是假童真。

其实，我也搞不清真假。有次，跟他长途旅行，大家横七竖八躺在座位上酣睡，他不是好奇地盯窗外的风景，就是看车厢电视上播放的我们都可以把台词背下来的电影，而且看得津津有味，到欢乐处他就哈哈大笑，貌似雷公下凡，而到悲伤处他就痛哭流涕，宛如黛玉葬花。

"你说这样一个人，能说他像个爷们儿吗？"我心里暗想。

"我能！"电视里播了一条移动全球通广告。

广告话音刚落，天空就打了一个雷，车顺势就熄火了，这荒郊野外的，前不着村，后不着店，司机下车后回来直摇头说："这下麻烦大了，我打电话给公司让再派辆车过来，不过这大约需要3个小时。"大家都铁青着脸问候着旅行社的祖宗，童真却手舞足蹈地站了起来："篝—火—晚—会！"

天空又打了一个雷。

雨紧接着就淅淅沥沥地下起来了，朋友三岁的儿子在旁边哭了起来，这是那位朋友独自携子出行，就碰上这倒霉事，更倒霉的是，那孩子开始发烧，叽里呱啦地乱叫着我们都听不懂的语言。

童真把手伸到孩子头上摸了半天，郑重地跟我朋友说："温度有点儿高。"

司机慢悠悠地说："离这儿不远有座山，山下有座庙，庙里有个和尚，会看病。"

童真说："好，没问题，去。"

他不由分说不当外人地把朋友儿子抱起来，就跟他儿子一样，还无奈地环视了一下车厢其他朋友，虽然都拼命点头，但一个都没动。

下雨天，临近傍晚，童真跟朋友，两个爷们儿，抱着孩子，打着伞，这情节该多浪漫……

"再后来呢？"我儿子仰起脸看着我问。

我拍拍五岁儿子的小肩膀说："再后来呀，童真叔叔老了。"

我黯然地站起身就没再言语，我儿子怕是此刻不会明白，那童真叔叔其实就是我自己。

不知何时，自己的童真之心逐渐被世俗所蒙蔽，判断朋友仅剩的标准是"有用"或"没用"。也开始不苟言笑，喜怒不形于色，跟谁都是朋友，跟谁也不是朋友，尽量伪装成一个博爱的人，潜伏在这个世界上，但幸福感却渐行渐远。

我常常在想，我要不要再去找回"童真"这个朋友。

有什么好挤的

挤,根据我的理解,是指一群人奋不顾身地往前冲的意思。

在很多场合我都见过挤的情景,比如公交车、地铁一到站,大家蜂拥而上,这种挤我是可以理解的,因为如果你挤得慢了可能就没有位子,再慢了不仅位子没有,恐怕连位置也没有,只能被这趟车抛弃。

我比较奇怪的是,很多人乘飞机为什么也要挤?登机,又不是登基当皇帝,至于在乎那么几分钟吗?在很多机场我自己体验过这种挤,起初我以为跟地域有关系,但后来发现很多"白富美"类的城市,比如北京、上海、深圳,都挤。坐公交车挤是怕没座位、没位置,飞机都是有座位、有位置的呀,为什么还要挤呢?

所以每次在机场候机,要是找不到座位,我就故意高声说:"登机了!"

总有很多人呼啦啦站起来乖乖去排队,这时我就随便挑个座位坐着。

后来我问很多喜欢急着登机的人,他们解释说:"怕没地方放行李。"

话说回来，我每个月 15 次左右的飞行体验，还没有发现因为没地方放行李就让你下机的，这是空姐需要考虑的，不需要你来操心呀！

那么既然有位子，行李也不需要太多操心，为什么还要挤呢？

我想这是一种潜意识，往大了说我们是一个资源匮乏的国家，我们总说地大物博，但是还有前提：人多。挤，已经深深扎根于我们的脑海，你不挤就没机会，不挤就可能失去机会，不挤到前面，就意味着失败。

想想我们从小挤着报名上幼儿园，上幼儿园需要排队，你来得晚名额满了，你就得等着。然后去小学，我们得选好的，又是一通挤。小升初挤，初升高挤，高考又是挤之又挤，万人挤那独木桥。最后，大学毕业了，找工作还得挤……

美国人不挤的原因是他们地广人稀，比如在美国开车见了行人就必须停下，因为行人优先，但我们如果行人优先，有可能因为行人络绎不绝而永远停在十字路口。

差异之大，可见一斑。

我们从出生开始，父母就在医院等床位挤，一直挤到最后买墓地，从头挤到尾。

你说，这么挤的一生，能不急吗？

这种挤的意识，体现的是一种竞争，背后是一种恐惧。竞争是要出人头地，恐惧是怕被抛弃。

再往深里想，我觉得这是由社会单一的价值观决定的，因为我们总是假定少数人可以成功,大部分人会失败,所以竞争所体现的挤,就会随时随地发生。

我们这个社会已经逐渐形成了一种单一的价值观,就是人人都做首席执行官,电视里也播,录像里也放,就好像所有的动物,无论羊、牛、鸡、兔子,全部都要求变成狮子。于是,每个人都想成为狮子,哪怕变不成狮子,占据狮子的位置,狐假"狮"威也不错。

这就是被单一的社会价值观绑架了。意思是,只有一种成功,其他的路都是失败。

我读过日本著名艺人北野武的一个故事,他说没出名之前,他天天想:如果有一天有钱了,一定要买一辆保时捷。后来,功成名就以后,他买了一辆保时捷,但他很快发现,开保时捷的感觉并没有当初想象中那么好。

于是,他每天早上请一位朋友帮自己开保时捷,自己打个出租车在后面跟着,并骄傲地对出租车司机说:"看,那是我的车,那小子开得真帅!"

很多人努力一生,跟北野武一样,就是为了成为别人眼中的风景。

这样的人,实际被绑架了。

合肥有一家烤鸭店,每天只营业2个小时,节假日打烊休息。那个店里就3个伙计,加上老板4个人,一年国庆节还在店门口贴了一个告示:老板携员工私人希腊旅行,请10天后光临。

我有一次问这个老板:"你没有想过要把店做大一点儿,或者开连锁吗?"

店主奇怪地看着我说:"我为什么要开连锁?"

我说:"做生意不就是要做大做强吗?"

他又奇怪地对我说:"我为什么要做大做强?"

我叹息一声说:"我跟你实在没的聊。"

他乐呵呵地说:"小伙子,我今年60岁了,一直在做我喜欢做的事情,从中得到莫大的满足,而且吃我烤鸭的客人也从中得到快乐,我这个店养我这个家绝对没有问题,我很满足了。"

"满足"这两个字给我巨大的震撼,我什么都不满足,钱不满足,地位不满足,爱也不满足,于是我就被绑架了。而他"满足",他活得比我洒脱。

吃他家烤鸭久了,我渐渐总结了一句话送给自己:我很欣赏你,但不一定成为你,我转过身,安静地做我自己。

那么我转过身,如何安静地做我自己呢?

我做着自己喜欢的事情,又能对他人有所贡献,有爱的人和爱我的人,感觉充实而富足,可矣!

所以当别人都在挤的时候,我很理解他们,但是我未必成为他们。等他们都登机了,我慢悠悠地从凳子上站起来,安检登机,把行李交给空姐,安静地坐在自己的位子上,然后安静地打开一本书。

因为我知道,我的位子也会随着飞机,到达终点。

小满

小满不满，本色内敛

在这个熙熙攘攘的世界，选择一种安静的生活态度。
然后在安静中，选择不慌不忙的坚强。

爱情，并不是生命的全部

生命有很多内容，比如旅行、运动、美食、友谊、读书、音乐、发困、发呆……爱情只是其中的一项，而不是全部，如若视爱情为生命，就会困于情，变得敏感而脆弱。

你遇到过这样的人吧？对方不过就是一个电话没接，就要被质疑半天，你干什么去了？你为什么不接电话？你是不是有别人了？你是不是不够爱我？这一通质疑下来，搞的人连解释的心情都没有了，一股酸楚袭上心头，涌到嘴边变成一句话："爱咋咋着吧！"

这一句话更不得了，对方的火药库立刻爆炸："你把我当什么……"

这种神经兮兮的表现，均可视为把爱情当空气，没有就无法呼吸的类型。说好听点儿叫痴情，说难听点儿叫缺爱，虽然他们觉得都是因为太爱你，其实不过是抱着爱的名义进行伤害。

因为在他们的生命中，爱情就是全部，你就是爱情，所以你就是全部。你的一举一动，都会影响他们的心情，影响他们心情的结果，就是把你当作情绪宣泄的对象。最终，让本该愉悦的情感，变成彼此的压力，直至崩塌。

倘若明白生命本该多姿多彩，便不会在一个方面固执己见，即便是爱情遇上了麻烦，也立刻可以在其他方面找到依托，而不至于觉得活不下去。简单说，就是始终找得到自己，所以不会被别人绑架，也不会轻易给别人带去压力。

做个找得到自己的人，就需要培养自己的爱好，没有爱好的人，抓住一个人就当作救命稻草，于是也就放弃了尊严，放弃了生活其他的乐趣，所有的喜怒哀乐就此在一个人身上寿终正寝。

接下来我给你讲讲我失恋的故事吧。

跟上海的女朋友谈了一年恋爱，她就跟一个德国人跑了，这绝对是"第三次世界大战"，德国人赢了！然后我受不了每天路过我们之前一起走过的街道，一起吃过的餐馆。

离开一个人容易，要离开因为场景而带来的回忆，太难！所以，我逃离了上海。

现在想想如果没有这次失恋，我就不会离开上海。我不离开上海，就不会认识现在的老婆。不认识我现在的老婆，就没有我儿子。没有我儿子，就没有我孙子。想想，太可怕了，谢谢我上海的女朋友离开我！

嘴上虽然这么说，但依然唏嘘不已，也不知道她现在过得怎么样了。人生每一步都自有用意，若干年回首看过去，一切都顺理成章，把自己安排到今天，所以才能让我在这个初夏的夜晚，坐在电脑旁，写下这段文字，是的，我喜欢上了写作。

即便没有爱情又怎样？我可以在写作中找到自己。如果你喜欢摄影，喜欢绘画，喜欢旅行，喜欢阅读，都可以得到精神愉悦，何必在一个人身上要死要活。

自从我明白了这个道理，就觉得每次失恋不过就是多了一个陪"恋"。

这句话说得多好，嗯，我说的。

谁都不会是我生活的全部，我就如同一个导演，在导一部我的人生电影，有人来跑龙套，有人来出演某个配角，有人给我流下一段眼泪，有人给我留下一个背影。但我这出戏丰富多彩，有配乐，有风景，不是只有你，更重要的是，我才是主角。

不是只有你，是不想给你压力，也不想迷失自己。因为，我始终找得到自己，才能真正爱你。

毛坯恋人

这个世界不可能给你准备好一个人,全方位匹配:跟他在一起情投意合,所有方面都严丝合缝得刚刚好,工作是你喜欢的,待人接物是你欣赏的,在床上的表现完全可以因你而动,赚钱有能力,做人很风趣……一切都是那么完美,身上闪耀着你所有期待的特质。

做梦吧?醒醒吧!不是每个人都跟我一样。

我倒是相信,这世界给你准备好了一个毛坯恋人,等待你的装修。只要长得基本符合期待,也不寒碜,脾气大体喜欢,生活习惯大致不冲突,三观大致跟自己匹配,接下来就考验你化腐朽为神奇的能力了。总觉得有一点儿不符合要求就想换房,大部分人没这个本钱啊!

有的人说,不,坚决不认同,因为这世界上就是有这么一个人,因为这就是爱情。

我承认,爱可以掩盖一切问题,但你的爱可以持续多久的时间?《廊桥遗梦》之所以是真爱,我始终觉得根本原因就是时间短,如果朝夕相处,洗碗、做饭、拖地、换尿片,不可能没有冲突。如果短暂的男欢女爱，不用考虑各种家长里短，当然可以不在意彼此的问题。

还有人说，一个人不可能改变一个人，你总想着去装修，你爱他，就是因为他是那个他，而不是你改造好的那个他。如果你总想着改造一个人，为何不直接去找一个符合这方面期待的人？

我其实非常想认同，但人与人是存在诸多差异的，不可能处处都严丝合缝，真正生活在一起，彼此不可能不做出妥协与调整。

要知道，两个人的生活，就是彼此雕刻。

我遇到过很多单身许久的人，他们不是不渴望爱情，只是他们单身得太久，已经完全无法接受多一个人来改变自己生活的节奏。牙刷竟然倒着放？牙膏竟然从中间挤？马桶盖竟然用完可以不盖上？这些都会让他们发狂。甚至，自己晚上点上熏香读本书的心情，都会被对方一个屁熏得无处躲藏。

所以他们说："如果两个人在一起不会让自己变得更好，为何要在一起？"

是啊，如果你不愿意为多一个人而改变，对方也不愿意迁就你而改变，单身或许是更好的选择。

我始终觉得：爱与不爱很简单，就是你是否让我心甘情愿地改变。

不但彼此需要去改变，而且需要去改变和调整的还非常多，我至少觉得有八个方向：使用彼此能理解的爱情语言，磨合彼此能接纳的生活习惯，调整彼此能包容的价值取向，尊重彼此有差异的理财观念，熟知彼此能来往的朋友圈子，适应彼此独特的性爱与需求，消除彼此父母的过高期望值，建立彼此能应对的冲突机制。

你说：这就是我的个性，我就是喜欢宅，你的朋友我才不要见；我就是喜欢热闹，你安静待在家里我可受不了，我要出去开派对；我是很爱你，但是我家的传统就是男人不下厨房洗碗。

你觉得可以长久生活在一起？

你又可能说，你喜欢宅就找个宅的，你喜欢热闹就找个热闹的。但是，一个方面符合，其他方面呢？人是很复杂的。长得好看，那价值观呢？价值观统一，那品位呢？品位一致，那生活习惯呢？生活习惯一样，那从不道歉呢？

要明白人是不完美的，才是长久相处的前提。

因为彼此都不够完美，所以需要做出些许的改变与妥协。爱情可以一时冲动，但婚姻定是需要用心去经营的。

每个人都有这样或那样的不足，因为他还没有跟你生活在一起，还是个毛坯人，正因为如此，你才要有勇气去接受这个挑战，让彼此一起变得更好，这样你才不会因为追求完美，而成为单身狗；因为不愿意改变，而成为高冷狂；因为没有勇气接受现实，而换房、换房再换房。

判断一个人爱不爱自己很简单，就是愿意不愿意为你改变。如果你讨厌抽烟他戒了，你讨厌泡吧他不去了。因为在乎所以愿意改变，因为你的重要性胜过一切。一个人如果不愿意"被装修"，依然我行我素，那么根本就是自恋不把你当回事。所以，一个值得交往的恋人不是因为完美，而是他开始因你而变。

来吧，我的毛坯恋人，让我们一起变成"精装房"。

爱情里最容易犯贱

我认识一个女生,做助理,爱上了公司的一个业务员,这个业务员已经结婚,这点这个女生当然也是知道的。她爱得如痴如醉,公司附近的酒店都被他们住了个遍,都是她出钱开房,她出钱吃饭,这个业务员的很多工作都是她来帮着做,这还不算完。

有一天,这个男生向这个女生要钱,因为他老婆要过生日,他没钱买礼物。然后,这个女生竟然也给了,她问我该怎么办,我说这种人渣,赶紧分手。

她说:"不,因为他还愿意理我。"

我说:"你就这么卑微地存在吗?"

她说:"那我怎么办?"

我说:"立刻分手。"

她说:"不。"

……

我还认识一个女生,跟她的主管睡了一觉,后来她知道这个主管就喜欢乱睡员工,就很痛苦,因为她喜欢自己的这份工作,如果不继续被这个主管睡,可能就会被逼着离职。

我说:"那就离职。"

她说:"可是我喜欢现在的工作,也喜欢现在的同事。"

我说:"那就不离职,断绝关系,自己好好谈个男朋友。"

她说:"但是看到那个主管我就恶心。"

我说:"那就去投诉这个主管,举报他性骚扰。"

她说:"可是他毕竟睡过我了。"

我说:"那你到底想干啥?"

她说:"我也不知道。"

……

经常有人来找我咨询类似这两个女生的问题,其实答案很简单,就是自己犯贱。可能,我用这个词她们会很难受,但事实就是这样。

表面上她们在咨询我的建议,其实她们早就知道该怎么做,也很清楚该持有怎样的态度来对待这样的问题。只是,她们陷入里面,不愿意出来,不仅不愿意出来,还把自己的头埋起来,听不进任何意见。她们好像在征询我的意见,其实是在寻求同盟,对我的意见她们不过也就是听听而已,听完继续在作践自己的路上勇往直前。

其实说白了,处理感情的问题很简单:

爱了,就表白。

不爱了,就明说。

合适,就在一起。

不合适,就分手。

喜欢,就享受。

被骚扰,就拒绝。

简简单单,才会轻轻松松,其他的理由,无非都是伪装,掩盖自己的懦弱。

芒种

适时播种，方期有成

年轻的时候，对人苛刻，
时时处处追求完美；多年后才发现，
当初最不完美的，恰恰是自己。

任何情况下，提升自己最重要

接到不少年轻朋友的来信，要么是现阶段茫茫然不知其所以然，不知道该做什么，也不知道追求什么，只是不满足现状；要么说自己每天重复、重复再重复，甚至连上班换个路线都不敢，每天机械式运动，到底该如何突破？

我的答案是：提升自己。

迷茫无非是因为自己的才能配不上自己的梦想。如何减少迷茫？要么降低梦想，要么提升自己的才能。梦想不要轻易降低，否则人跟咸鱼有何分别，那提升自己就是关键了。

我觉得，不管处境如何，积累并提升自己总是没错，或博览群书、思辨而形成自己的知识体系，或训练自己的技能成为专业高手，这些积累会让你的生命变得有厚度，等到被机会选中那刻，自己已经做好了充分的准备，然后开始一点一点释放自己的能量。如果没有这个积累，哪怕走运也不过是昙花一现，因为根本没有可以透支的资本。

那么如何提升自己？我把自己的经验与大家分享。

一
善于利用赶路的时间

赶路也是生活的一部分，不要只盯着目的地而忽略过程。比如，上下班的路上，在北上广差不多来回要 3 个小时了吧，一天 3 个小时，一个月就是 90 个小时，一年就是 1080 个小时，想想看能做多少事情。

我曾经在网上调研："你们上下班多久在路上？"

最惨烈的朋友在北京，说每天 6 个小时在路上。

我问他："你是交警吗？"

他说："我住石家庄……"

这哥们儿真幸福，每天有这么多时间在路上，试想可以做多少事情啊！我在上海上班的时候，就利用上下班的时间背单词、听口语。后来，赶飞机、赶车、等行李，就用各种手机音频的 App（手机应用程序）听讲座，起初听《百家讲坛》，后来听各种有声小说。

赶路的任何时候，耳机一戴，就进入另一个世界，何不把赶路当作提升自己的机会呢？

二
随时阅读

在各种学习的方式中，阅读是最佳选择。听讲座毕竟还属于被动学习，相当于讲授者把自己的观点传递给你。当然，阅读也是写作者思想的传递，但相对来讲自己的思考机会更多，更容易引发思辨。好在现在手机上也有各种阅读软件，而不必带着沉重的书。

有人说读电子版的书没感觉，这纯粹是矫情，介质区别而已，何必如此纠结。就跟之前有人说用电脑写不出诗句一样，习惯就好了。我现在保持着3天读一本书的习惯，觉得自己棒棒的。

在今天这种网络浸淫的时代，你只需要多读一点点，认识问题就会更深刻，而不仅仅停留在各种新闻热点的转换上。别人只能读得懂一条140个字的微博，你可以读得懂一篇公众号文章。别人读得懂一篇公众号文章，你可以读懂一本书。别人读得懂一本书，你可以了解一个学科。逐渐地，你也会很快觉得自己棒棒的。

三

工作中去学习上司的工作方法

大量的工作，的确是需要重复、重复再重复的，对公司运营而言，也没有每天那么多激动人心、热血沸腾的事情去做。那在不断的重复中，如何去提升自己呢？我自己的方法是：观察上司的工作方法。

比如上司如何处理员工迟到的问题，上司如何分配工作任务，上司用了什么方法监督员工的执行等。这种观察的视角，让自己摆脱了普通员工的角色而变得有趣起来。甚至，上司把自己批评了一通，自己都可以跳出被批评的角色，去思考上司为何要批评自己，以及用了何种方式批评自己。

这样等提升自己职位的机会到来时，自己便已经做好了准备，也容易得心应手一些，你说是不是？

四

多分享自己的想法

读一本书其实没什么了不起的，但如果能讲一本书，那才是更高的阶段，因为这需要自己深刻的领悟及行动的反思。所以，朋友聚会也罢，同事聊天也好，可以多讲一些自己读书或思考后的想法，慢慢地，在讲授中就会整理形成自己的知识。

要知道，信息经整理和讲授才会变成知识。

哪怕发朋友圈，也不要总是分享"中医保命的十三条理论""这个视频简直转疯了"这样的帖子，只会被朋友耻笑自己的智商，别人点赞的意思，就是你也就这么个智商了。

把精力用在更多的反思与分享上，比如读书后的心得、看完一部电影后的体会。你会逐渐发现，久而久之，自己的知识开始系统起来。

职场的建议

工作的本质是什么？我觉得是拿人钱财，替人消灾，这就是职业。拿人钱财，不替人消灾，就是违反江湖规矩，就是不职业。当然你不拿钱，就替人消灾，这是破坏江湖规则，你这样会让其他行走江湖的人很不爽，找机会就会把你灭掉。所以，拿人钱财，替人消灾，这是一个大前提。

一

不要触碰公司的底线

职场里最重要的一点我放在前面来讲，就是永远不要碰企业和职业的底线。很多聪明人在这事上特别容易犯迷糊，比如阿里巴巴之前的五个"月饼大盗"，因为利用技术在公司内部抢月饼被开除，有人觉得他们因为这点儿小事被开除很冤枉，其实他们最大的问题是碰了阿里巴巴的红线。每个企业都有自己的红线，在进入一个企业后一定要恪守。不要在这种事情上耍小聪明，小聪明、小机灵在朋友交往中可以，在职场上抖机灵，很可能引来不必要的麻烦。

企业红线不要踩，职业底线也要坚持。什么是职业底线？比如做会计这个职业的不做假账。那如果领导让你做假账呢？比如领导拿着不知名目的发票让你来报销，这时候你就会陷入困扰了。很简单，拒绝。记住这句话，违规的事情，不要同流合污，否则最后垫背的人肯定是你，想避免成为牺牲品，一开始就要遵守规则。

那得罪了领导怎么办？做好你的工作，拿好你的薪水就是，你有能力了，难道还怕缺少工作的机会吗？患得患失的永远是那些混日子的人。

二

把工作当作一个成长的过程

把工作当作一个成长的过程，有两层含义。

一是在每项工作中注重自己的学习，做完每项工作都要有反思，而不是傻乎乎地就知道干干干，这不过是在简单地重复罢了，没有让自己成长增值，是没有意义的。如果一项工作让你始终觉得原地踏步，那就该考虑换工作了。

二是把自己的一生当作一个产品，每项工作只是这个产品的一个阶段而已。这样看问题的好处是有长远性的规划，而不会在当下迷失。

所以，工作中不懂的事情就去问，问完了就懂了。就好比英语不好尽管去说，不必在乎语法甚至发音，别人连猜带蒙明白就好了，时间久了自己水平就上去了。人活着脸皮就要厚点儿，这也不好意思，那也不好意思，那你怎么好意思活着呢？出错了、出丑了一笑而过，有什么好怕的？当你对这个世界好意思的时候，成长才会与日俱增。

三

学习与人协作

要工作，就必然会涉及与人协作，所以跟人打交道是门大学问。

首先，记得不要什么都跟别人说，因为你不知道自己说的话，何时会被拿出来用在哪种场合。有些话是注定要烂在肚子里的，实在想讲的时候，想想能不能用笑一下来替代，特别是背后说别人坏话和对工作的牢骚。

其次，直言也要有讳。这世界上没有人不要脸，好的建议可以提，但要考虑别人的接受能力。哪怕你觉得是为了别人好，别人可能也因为下不来台而怀恨在心。世界上没有无缘无故的爱，也没有无缘无故的恨，一切都有因有果。尝试把建议变成赞美，就像我的健身教练，他很少说你怎么这么笨呢！他总是说太棒了，如果能再坚持一下下就完美了。论拍马屁，我只服我的健身教练，否则我不给钱。

再次，多学会分享，因为在一个组织中，没有一个人的成功是孤立的，都是集体协作的结果，甚至打扫洗手间的阿姨，都对你的业务做出了贡献。得奖了、受奖励了，别志得意满，即便你真的这么觉得。记得感谢团队，感谢对自己提供支持的人。

不要小气，要有大格局，什么利益都自己独占，这种人是做不大的。试想，怎么会有人追随这样的人？黑社会都不会这么干。即便是追随了，一有机会一定会第一时间"反叛"。

最后，请记住，别沦为职场里的"怨妇"。每个公司都有一些"怨妇"，他们的特征就是要么不得志，要么已过气，所以每天就是哼哼唧唧无所事事地抱怨。那如何避免成为这样的人呢？

第一，自己不要做这类人，因为你的存在可以是来佐证职业价值的，别人堕落不是你也堕落的理由。

第二，远离这类人，他们是负面情绪的传播者。

第三，请记住没有一座城市是为抱怨者树碑的。

接受自己的不完美

我曾经在几年前计划拍摄一个自媒体节目,名字叫《琢磨电影》,准备从电影的各个角度去谈一些话题,比如从《诸神之战》聊古希腊神话,从《熔炉》聊校园性侵,从《007》聊世界各国的特工文化……

于是,朋友在北京注册了一家公司,整合了北京电影学院毕业的导演、摄影、编剧,就开始拍了起来。

拍了一集,我一看要求立刻重拍,因为灯光太暗;又拍了一集,觉得语音不对,再重拍;又拍了一集,觉得有个地方自己咽了口水,还是重拍。

来来回回拍了一周,我决定不拍了,因为总有地方不符合自己的要求,总有地方需要改进。

后来跟做主持人的朋友聊起这个事,他们都哈哈大笑:"我们第一集节目,自己都没法看,但还不是这么过来了?你这是病,得治。"

我一想,或许这真的是一种病,完美主义。

任何一点儿瑕疵都无法接受，那什么都不要做了，因为没有任何事情是完美的。更要命的是，完美主义的人，很容易受伤，因为觉得时时处处都要完美，所以有一点儿疏漏或错误，就要抓狂。

而疏漏和错误在所难免，所以完美主义的人随时都在抓狂，或者正在去往抓狂的路上。

自己去面试表现得过于紧张，事后想起来，抓狂。

跟别人发微信怎么会打那么一段话，不那样说就好了，抓狂。

别人怎么会说自己不符合他的期待，怎么可能呢？抓狂。

一百个人喜欢自己，竟然有一个人不喜欢自己，抓狂。

抓狂，进而焦虑。

所以说，成熟，应该从接受自己的不完美开始。

说起来容易，那么听完这个道理，如何过好这一生呢？

首先，接受自己的不完美。比如，自己不美不帅，那就不美不帅好了，这世界的审美又不统一，既然这事是天生的，就接受下来。当你接受下来，你就不会再被这件事伤害，因为你已经知道了。

其次，很多事情，想个大概就可以开始。比如创业，等你想好早就没机会了，边想边做，边做边修正，在事情的进展中去改善。所以，有什么梦想，就及早出发去追寻。

再次，承认自己的不完美，也是有风险的，就是别人会来指手画脚，在你面前暗示你的不足，以显示他们的完美，尽可一笑了之，因为你的不完美之处，别人很可能也有，只是他们不承认罢了。你承认了，你就放下了。

最后，即使事后出了问题，也不必懊恼，因为追求过了，体验过了，就赚了。出现瑕疵纰漏都在所难免，人非上帝，岂能事事考虑周全。所以，发生的事情，唯有接受这一条路。你不接受又能怎样，毕竟已经发生了。接受了，争取下次不重蹈覆辙就好了。

年轻的时候，时时处处追求完美；多年后才发现，当初最不完美的，恰恰是自己。所以，接受一个真实的不完美的自己，然后让自己成长，才是一个成熟人对待自己的态度。

夏至

梅雨纷飞，一夜生阴

所以人变得成熟，无非就是明白哪些是最爱，然后开始删减。无限制占有，恰恰是不了解自己的表现。学会极简的生活，往往才是抓住了生活的重点。

简约，就是极致。

理发师的手艺

我觉得世界上最难的事情,就是理发。如果去按摩,按摩师手艺不好,大不了就相当于被摸了一个小时。如果去吃饭,厨师做得不好,大不了吃少点儿再去别的店补吃。但如果理发师的手艺不好,呃,一时半会是解决不了的,试想每天顶着一个自己不喜欢的发型,在茫茫人海中行走,简直就是丢整个家族的脸。如果出国,那就是丢整个中华民族的脸。越想越可怕,因为我就曾理了一个很奇怪的发型。

一次出差路过南京,闲来无事,看到酒店旁边有个理发店,心想头发也有点儿长了,就去理一下吧。

一进门,几个姑娘就大喊:"欢迎光临。"

吓我一跳,定睛看去,清一色跟空姐一样制服的姑娘,个个脸上洋溢着热情的"奸笑"。

我说:"我就理个发而已……"

一个姑娘说:"您是要180元的、280元的,还是380元的啊?"

我说:"有什么区别吗?"

她说:"180元的是高级技师,280元的是顶级技师,380元的是技术总监。"

我说:"你这等于没回答啊,手艺有什么区别啊?"

她说:"180元的很熟练,280元的非常熟练,380元的相当熟练。"

其实吧,这种差别定价策略真的很棒,手艺可能根本就是一样的,但是因为差别定价,你总不好意思选最便宜的,可能也比较少选最贵的,所以往往就是选中间的价格。180元的放在这里,往往就一个目的:让你去选280元的。

所以,你也不难理解苹果手机不放弃低内存手机的原因:低内存的苹果手机摆在那里,会让你感觉买高内存的很划算。卖车的也擅长用这招:三种配置,配置很高价格的100万元豪华型,配置一般价格的80万元基本型,配置中等价格的85万元领先型。100万元和80万元的车往往只是用来衬托罢了,可贼了。

于是我自认为很聪明地对那位姑娘说:"我都这么大年纪了,180元的就行。"

她说:"好嘞,您先洗个头。"

我刚躺在洗发台上,姑娘就开始说:"您这个发质受损了啊。"

我说:"那该怎么办呢?"

她说:"要护理,得用纯天然植物洗发水。"

我说:"哪里有卖呢?"

我刚说出来就后悔了。

她立刻就说:"我们这里就有啊,有三种,80元的、180元的和 280 元的，您要哪种？一会我给您准备一瓶。"

我说："我想要免费的。"

她说："那您可以办张会员卡啊，长期来就可以免费了。"

我说："咱还能好好聊天吗？"

她笑着把我引到理发台前，这时过来一个特别时尚的理发师，戴着耳环，穿着破洞裤说："先生，您想理什么样的发型？"

我说："帅的。"

他说："好嘞，包在我身上。"

我望着镜子里的自己，幻想着无数种可能，理完了可能是李好，可能是吴彦祖，可能是谢霆锋，也可能是刘德华。

我问理发师："你们这 180 元的跟外面 20 元的有什么不同？"

他说："外面 20 元的都是按把剪的，我们 180 元的按根剪的。"

然后他就在我头上一通地摆弄，一会用夹子，一会用剪刀，一会用推子，各种折腾，足足用了一个多小时，果然按根剪就是费时间。理完我睁开眼见证奇迹的时刻，赫然看到一个王宝强。

我问他："你觉得帅吗？"

他说："帅！"

我说："我还以为你手艺不好，没想到是眼神不好。"

他说："帅哥，根据你的特点，这已经是最好的发型了。"

我说："你的意思是，出厂设置有问题对吧？"

他说："接受现实，是一种积极的生活态度。你一定要对自己有个正确的认识。"

我又照了照镜子，对自己有了正确的认识：一个对发型永远都不满意的人,永远不承认自己的脸型不好。

刷完卡,走出理发店。觉得满大街的人都在议论我的发型,于是我就溜达进旁边一家眼镜店想买副墨镜。

服务员说:"适合您脸型的有三款,1800元、2800元和3800元,你选哪一种?"

"呃……"

衣橱里的秘密

今日立冬，秋冬换季，就琢磨着把衣橱里的衣服都整理一下，顺便把夏天的衣服装到箱子里，把冬天的衣服从箱子里取出来挂衣橱里。以为很简单，却折腾了一整天，顺便感悟了下人生。

"我为什么会有那么多衬衫？"这是我的第一个疑问。

"而且还是同一个颜色——蓝色。"这是我的第二个疑问。

这让我陷入了深深的自责当中，每次去商场买衣服，都会不假思索地选择蓝色，或许是因为这样比较安全，因为习惯了。而选择其他颜色就要冒很多风险，比如黄色，我就完全不知道该怎么搭配衣服，怎么搭配领带，一想头好大，还是蓝色吧。

望着一橱子蓝色衬衫，我在想："我是什么时候开始不敢突破自己的？"

或许越成熟，就意味着越保守，这就是事物的两面性，这让我想起《肖申克的救赎》里那句经典的台词："刚来你会恨这个地方，待久了你就会爱上这个地方，再也不想离开。"

我把大部分蓝色衬衫都放在一个箱子里，写了一张小纸条挂在衣橱门上："下次绝对不再买蓝色。"

嗯，我决心下次要尝试浅蓝色，呃……

整理完衬衫，在整理外套的时候，忽然从一件外套里摸出了一百元钱，这种意外之财的惊喜，远大于每个月领那几千元钱的工资。因为意外，所以才有惊喜。一切顺理成章，其实人早就麻木了。

这激发了我探索的好奇心，于是把所有外套口袋都摸了一遍，还摸出了一张登机牌、一张酒店的房卡和一张电影票。

这时，我老婆凑上来，查看了一遍，用福尔摩斯加柯南的眼神问我："难道你飞向那个城市，住了这个酒店，就是为了自己去看场电影？"

这逻辑严密得让我无言以对。

"还好是一张，如果是两张，你现在已经死定了你知道吗？而且衣服有什么好收拾的，凌乱就是美。"

然后，她就拿着我掏出的一百元钱走掉了。

我发现，衣橱里越贵的衣服保存的时间越久，或许是因为贵，是大牌，每次穿都很讲究，所以一直保养得不错。而那些乱七八糟的衣服，不是走了形就是抽了丝，让我不禁得出一个结论：贵，就是好。

买十件便宜货不如买一件经典，乱七八糟图便宜买一大堆，加起来钱也没少花，将来扔却没地方扔。既然决定要花钱了，还不如多花点儿钱买件 Prada（普拉达）、Armani（阿玛尼）、Dior（迪奥），等等。不信你等五年后，衣橱里常挂常穿的不走形的肯定是这些贵的，而不是那些便宜的衣服。所以，不要等五年后看着衣橱里一堆垃圾玩意儿，对自己说："傻。"

当然，这仅供男人参考。

整理完衬衫和外套，把翻出来的袜子堆一起时，我特别惊讶：为什么单只的那么多，找个能配上对的就那么难呢？

连袜子都这么难以忍受另一半，现在离婚率高也就不难理解了。

这时，我老婆又凑过来问："又找到钱没？"

我说："还没。"

她说："找到告诉我。"

我说："我的袜子怎么都配不上对啊？"

她说："以后你每次买，就买几双一样的，这样总可以找到一双。袜子你讲究什么个性啊？"

我一想有道理，于是又在衣橱上贴了一张纸条："下次袜子一定要买一样的。"

袜子多我可以理解，可为什么要买那么多条腰带呢？我立刻就想起来一件事。

有一次我去演讲，中午吃饭的时候收到一封邮件，是一个姑娘发给我的，内容大致是：你的腰带好漂亮，应该是今年最经典的款式，你品位真不错。

所以，真正的知己，就是总能发现你最闷骚的地方。

这件事激发我后来买了很多条腰带，因为我总觉得在某个地方还有某个姑娘，会留意到我的腰带。

你们问我发邮件的那个姑娘后来怎么样了，我怎么知道啊？我又没回。

这时候老婆又过来问:"还没找到钱吗?"

我说:"没了,就那一百。"

她说:"你拿根腰带看半天做什么?"

我说:"想起了看过的一部电影,叫《五十度灰》。"

她说:"滚!"

整理完衣橱我发现,其实真正自己喜欢穿的没多少,空空荡荡的。所以,不管衣橱里衣服有多少,最爱穿的就是那几件。不管生活中朋友有多少,最能聊得来的就是那几个。

所以人变得成熟,无非就是明白哪些是最爱,然后开始删减。无限制占有,恰恰是不了解自己的表现。学会极简的生活,往往才是抓住了生活的重点。

简约,就是极致。

我老婆看我收拾完,拿出一百元钱说:"我给你一百,帮我把衣橱也整理一下。"

我说:"你刚才不是说凌乱就是美吗?"

她说:"我美够了!"

当我开车的时候，我在想什么

每次去车库的路上，我就在想："如果我的车被偷了怎么办？"我经常会想这种生活中的意外，或许也特别渴望这种意外的发生，我想应该先报警吧，然后警察来了，我义愤填膺地痛斥一番，然后就准备跟保险公司洽谈买新车的事宜了。

虽然这事我在头脑中演练了很多次，但到现在都没发生过。它永远老老实实停在那里，只要一摁钥匙它就闪起来。

坐在车里开始规划路线。我几乎算是个路盲，所以脑子里需要迅速搜索路线。我觉得人蛮奇怪的，去一个陌生的地方，哪怕有导航也是心惊胆战，错过一个路口都会手忙脚乱。但只要去一个熟悉的地方，比如回家，不管路线中途如何变动都不会影响心情，因为知道目的地始终在那个地方，所以宠辱不惊。

这事或许可以解释为，如果目标不清楚，路上就犹犹豫豫、患得患失，如果目标清楚，路上就万变不离其宗。

我经常是个目标不清楚的人。比如，上大学的时候痴迷电脑编程，老师问我："你长大后真的想做一名工程师吗？"我一想："我可不要。"于是，断然放弃了。最近我又在想，我到底是要成为一个脱口秀演员，还是成为一个令人尊敬的老师，还是成为一名学者？如果不确定下来，现在做的事情就可能毫无重点，而且因为角色的混乱，让自己疲惫不堪。最终，我决定做一个西方哲学文化学者，所以包括读的书、做的事情，都开始往这个目标上调整。

开车到小区刷门卡的地方，保安的微笑好像永远都是一个样子，首先是微笑，如果看你没有卡，微笑就会变成威严。我经常都是看他完成脸色的转变，再慢慢掏出卡，"嘀"，栏杆抬起来，顺道说句："今天好心情哦。"时间久了他知道了我这个伎俩，就说："先生慢慢找，不着急的。"我们之间这个乐趣也就这么没了，到现在我还没有找到新的方法逗他们乐。

小区门口有时候有很多卖水果的、卖煎饼果子的、卖蔬菜的，还有各种横冲直撞的行车，所以要拐上马路还蛮考验车技的。我曾经很有修养地想，等人都没了我再慢慢开出去，但这个想法在第一次出现后就很快被我扼杀了，因为行人是络绎不绝的。所以，我在想是不是所有行人，都趁我开车出门的时候来我们小区门口上班。

跟行人竞争完毕，接下来在路上开始跟各路开车的大侠飙车技。看着前方车七拐八绕的驾驶风格，我敢肯定他的教练是驯猴出身的。而且，他们车后面的贴纸也怪有趣的。一类是示弱派，新手上路请多关照云云。一类是调戏派，别再近了，再近就亲我屁股了。一类是挑衅派，催什么催，有本事你飞过去。一类是温情派，wife in car，baby in car（车内有妻儿，请多照顾）。一类是震慑派，老太太坐车上。一类是暧昧派，车震中勿扰。我遇到过一个最狠的，是

夏至

显摆派：F1赛车手退役，靠近后果自负。

如果遇到红灯，我又正好是第一辆车，那就很激动人心了，因为这时候不能输在起跑线上。左边是一辆出租车，右边是一辆雅阁，大家彼此用眼神对视了一下，随时出演《速度与激情》的替身。Three，two，one，go！绿灯一亮，出租车第一个蹿了出去，雅阁紧随其后，我慢悠悠祝福他们：奔跑吧，兄弟。

城市里开得快不算本事，只要不怕死就好了，跟车好坏没必然关系。开一辆夏利也可以干掉一辆宾利，你怕蹭我不怕蹭，我就赢了。不过话说回来，开一辆宾利，其实没必要跟一辆夏利飙车，如果你飚赢了，宾利也还是宾利，夏利也还是夏利，而且旁观者还要嘲笑：哈哈哈，宾利竟然跟夏利飙车。如果万一你输了，你更是被嘲笑，还宾利呢。所以，不接受挑战是最明智的，因为对手有没有资格蛮重要的。如果时时处处要跟人拼一下，真是对不起自己的车，所以在跟人较劲前，先想想，对方有没有这个资格。

有时路过公交车站，我会有突然想捎带个人的冲动，这样可以免除公交车的负担，但很多次我好像都不知道怎么操作这事。

"喂，你需要搭便车吗？"

"Hi，去哪里？"

这好像都是跑黑车的江湖术语。终于，有一次我鼓起勇气把车慢慢停在路边，问在雨中候车的一个女孩：

"我捎你一下啊？"

"多少钱？"

"不要钱！"

"神经病！"

收音机里正常唱起那首歌：我躲在车里，手握着香槟，想要给你，生日的惊喜……

我喜欢下雨的天气，开着车走在路上，雨水噼里啪啦模糊了前挡玻璃，雨刷呼呼地清扫得一干二净，雨水越大，雨刮就越快，它们好像斗争得很激烈也很上瘾，我就安静地坐着旁观，顺道透过朦胧的雨水，观察着这座城市。

灯光透过雨水的折射，显得暧昧不定。路上行色匆匆的行人，撑的伞，好像都是顶着他们自己的故事，穿梭于这个阴晴不定的世界。一个女孩滑倒了，一个男生把她扶起来，他们合并成了一把伞，两个故事就有了新故事，有了交集。

我想着他们可能的故事，把车开回家停好，自己坐在车里平复情绪，深呼吸，想着那个十字路口自己输在起跑线上，想着那个拒绝搭我车的女孩，想着为什么不是我去扶起那个摔倒的女生，一件一件在前挡玻璃上如投影一般过了一遍。

这个世界很有趣，不是吗？我们带着自己的故事，穿梭到别人的故事中间，有的留下了痕迹，有的留下了记忆。这些机缘巧合的事情，每天随时随地都可能发生，这样想来，人生真的充满了乐趣。

如果下车前想到不好的事情，就深吸一口气，缓缓吐出来，把不好的情绪留在车内，不带回家刺伤家人。以后看到熄火坐在车里的男人，不要理他们，让他们安静一会，因为他们或许只是想静静。这是每个开车的人和他们车之间的小秘密。

发呆了几分钟,我从车上下来,看到车疲惫不堪安静地趴在那里。希望它永远不要被偷掉,因为明天我还开着它再战江湖,再去触碰别人的故事。

我按了一下钥匙,锁车。

"嘀。"

车睡了,车库安静下来。

小暑

温如小暑，杀气未肃

☺

  在形容男人的词汇中，我最喜欢温润如玉。因为看透世事，所以不愠不火。因为阅尽百态，所以不尖不刻。因为内心成熟，所以能够微笑。因为不缺关注，所以能够倾听。因为经历过波澜壮阔，所以能够遇事洞若观火。因为体会过起伏波折，所以能够淡看云起云落。

绝望难道就无解了吗

有时候跟朋友聊天谈到人生的意义,最终结论就是死皮赖脸地活下去,虽然我们来到这个世界上,本来并不是为了这个,我们是为了开车去到远方,看壮阔的湖泊,让风吹乱了头发,舞蹈在美丽的戈壁滩,书写着诗歌与爱,跟朋友们一起把酒言欢,和家人经常聚在客厅里聊聊家常。

只能说,中途突然改任务了。

改成了死皮"懒"脸。

《红楼梦》中的甄士隐也是如此,本来他好好一个官宦世家,有钱有闲,有娇妻,有聪慧的女儿,自己空下来还可以力所能及地救济些读书人。但是这一切,都在一个中秋节的晚上戛然而止。甄士隐在回忆录里写道:我以为那是一个平常的中秋节,多年后回首,才发现,那个中秋节彻底改变了我的人生。

可惜人生只能回忆,无法前瞻。

他三岁的女儿英莲被人拐走,家被隔壁葫芦庙大火连累烧了个精光。他不得不跟太太回到了岳父家,面朝黄土背朝天,自然他就怀疑起了人生。

这是稻子还是谷子？

蚂蚱是不是害虫？

驴和马生出来的是什么？

地里长出来的到底是苗还是草？

天啊！

这些问题总是困扰着甄士隐。

一个读书人，每天被繁重的体力劳动占据了大量的时间，就没精力附庸风雅了，这种感觉，你一定体验过。烦琐的日常挤压了一个人绝大部分的时间，就再也没有精力跟这个世界搏斗了。

于是成年人的崩溃，就会在一瞬间发生。

当一个人热切地为了美好的生活而奋斗的时候，是不可能问出人生意义这样无聊的主题的。但是当一个人问出这个问题，并且一直在试图寻找答案的时候，那么他的生活就遇到了巨大的挑战，因为实在不知该寄托在何处了。

可是，可是，可是，我们的生活本来不应该是这样的啊！

甄士隐耗不下去了，他在等一个机会。

这一天甄士隐拄了拐挣扎到街上散心，忽然看到一个跛足道人，这是压倒甄士隐的最后一个道士。

之前的和尚、道士走马灯一样地来给甄士隐洗脑，甚至工作能力强的和尚、道士还跑到甄士隐梦里去，都没能让甄士隐的人生幻灭。今天这个道士穿得极其破烂，边走边唱，吟唱的就是《红楼梦》里可以说是最经典的一首词。

世人都晓神仙好，惟有功名忘不了！
古今将相在何方？荒冢一堆草没了。
世人都晓神仙好，只有金银忘不了！
终朝只恨聚无多，及到多时眼闭了。
世人都晓神仙好，只有娇妻忘不了！
君生日日说恩情，君死又随人去了。
世人都晓神仙好，只有儿孙忘不了！
痴心父母古来多，孝顺子孙谁见了？

如果让我评选最让人绝望的一首诗词，这一首《好了歌》定然是名列榜首，什么"旧时王谢堂前燕，飞入寻常百姓家"，什么"八月秋高风怒号，卷我屋上三重茅"，统统靠边站。因为《好了歌》给人的绝望，是从根上彻底的绝望，而且不留任何的余地。兴衰的更替、物质的破灭，都不及让一个人失去那丁点的希望来得残忍。

这种感觉很像是站在零下四五十度的冰雪中，举目望去一切都没有意义，回头看去全是假的，而自己此刻的心里也是冻得透透彻彻。我们细看看这个《好了歌》是如何让人彻底绝望的吧。

世界上的人都说做个神仙好，只有功名这种事神仙比不了，这还是让人有所希望的，对吧？可是马上他就说，你睁开眼看看吧，那些古今有名的将相在哪里，如同走马灯一样你方唱罢我登场，最终他们的坟头草都三尺高。没有意义。

每个人都说神仙好，可是神仙哪里有赚钱花金银的快乐，这对消费主义的我们还是有很大的诱惑力的。可是呢,一辈子你都觉得还不够,等到稍微有点钱了,眼睛一闭,死翘翘了。生不带来,死不带走,没有意义。

每个人都说神仙好,可是家中的娇妻神仙比不了,洞房花烛郎情妾意,只恨绵绵无绝期。你说每天都这样就好了,可是当你死了之后,娇妻很快就跟别人好了,躺在别人的怀中,又开始重复跟你一样的故事。你占有不了任何人,没有人能经得起时间的检验。拥抱爱情,切,没有意义。

每个人都说神仙好,但是自己有基因的遗传,有儿孙,有绕膝之快,是神仙比不了的,这很好,可是他接着又提醒你了,自古以来痴心爱孩子的父母多了去了,你见过哪有那么多孝顺孩子了?久病床前无孝子,每个人都在忙着自己的人生,你是父母又怎样?把希望寄托在孩子身上,没有意义。

什么功名!

什么财富!

什么爱情!

什么亲情!

都是假的。

假的!

统统是假的!

关键是这首词让人绝望的地方在于,可以解构一切你执着的东西,你也可以自己试一试,看看还有什么放不下。"世人都晓神仙好,唯有群聊忘不了。时事热点一讨论,三观崩塌拉黑了。世人都晓神仙好，唯有带货忘不了。售后服务呐喊多，成本都被赔光了。"

你知道当人遇到挫败时，绝望就极富吸引力，就如同你实在累了，就说"哪里有富婆的联系方式，我不想奋斗了"。果然，这便是了。甄士隐听了，就赶紧迎上去：你满嘴在说什么，都是好、了、好、了。

道士说：你能听到"好"和"了"，算你还是个明白人，你可知这世界上所有东西，好便是了，了便是好，若不了，便不好，若要好，须是了。我这歌，就叫《好了歌》，奥利给给！

嘚瑟！

道士的意思是世间所有一切如梦幻泡影，如露亦如电，不得不说他佛经读得好，嗯，有点乱入。你觉得好，觉得要执着，那就是要失去了。你只有觉得一切都把握不住，那才是好。甄士隐此刻经历了那么多的打击，自然是听得真切明白，就笑了起来：让我帮你把这《好了歌》注解下可好？

道士说：你且说来。

甄士隐不注解则罢，一注解整个人也都陷进去了。能打动你的，并不是别人说了什么，而是你不仅认同，还自己尝试去证明他的正确，那你就真的相信了。

甄士隐注解道："陋室空堂，当年笏满床；衰草枯杨，曾为歌舞场。蛛丝儿结满雕梁，绿纱今又在蓬窗上。说甚么脂正浓、粉正香，如何两鬓又成霜？昨日黄土陇头埋白骨，今宵红绡帐底卧鸳鸯。金满箱，银满箱，转眼乞丐人皆谤。正叹他人命不长，那知自己归来丧！训有方，保不定日后作强梁；择膏粱，谁承望流落在烟花巷。

因嫌纱帽小，致使锁枷扛；昨怜破袄寒，今嫌紫蟒长：乱烘烘，你方唱罢我登场，反认他乡是故乡。甚荒唐，到头来，都是为他人作嫁衣裳！"

到头来，都是为他人做嫁衣裳，奥利给给！

道士合着拍子唱了起来。

这一段清清楚楚，不需要解释，不过是《好了歌》的甄士隐版。这道士唱完拍掌大笑：解得好，解得妙，解得呱呱叫，考不上985，也得是211。

甄士隐说：走吧。

然后他把道士肩上的褡裢抢过来背上，不再回家，跟这个疯道人飘飘而去，消失在了红尘之中。

有句话这么说：大张旗鼓的离开其实都是试探，真正的离开是没有告别的。从来扯着嗓门喊着要走的人，都是最后自己把摔了一地的玻璃碎片，闷头弯腰一片一片拾了起来。

而真正想离开的人，只是挑了一个风和日丽的下午，裹了件最常穿的大衣，出了门，然后就再也没有回来过。

我们不知道该为甄士隐开心还是悲伤，曹雪芹用了短短的一回，就让我们看到一个生命的凋零。当然我们说的凋零，是世俗意义上的凋零，可能他在另一个顿悟的世界里风生水起。

这让我想起曾经在网易云看到的一个评论，短短几句话，却让人感慨万千，这个评论是：

人生这趟车，

我先下了,

癌症确诊了,

晚期,

再见了朋友们。

读完这一回,我并不想让你沉浸在悲伤和绝望里,所以我必须解构跛足道人的解构。《好了歌》最大的一个缺陷是什么?

聪明的你可能也察觉到了,那就是它把一切人生的意义都放在了外界,功名你做不了主,金银你把握不住,爱人你占有不了,子孙也不是你指望的依靠。

当你把自己的安全感放在外界的时候,你必然会绝望。安全感来自哪里?来自内在。功名你做不了主,但是奋斗的精神不会熄灭。金银你把握不住,但是创造价值改变世界,让别人受益却可以让你永生。

爱人你占有不了,但是做一个拥有独立人格的人,曾经真爱过,人生短暂也值得了。子孙不是你指望的依靠,这么想的父母本来就很自私,养孩子又不是为了让他们长大后孝顺你,养老机构欢迎你。

所以解构《好了歌》的办法很简单,那就是反求诸己,由内而外。如果你想对生活缴械投降,你就会拥抱《好了歌》;如果你尝试让心中燃起熊熊火焰,让生命之树长青,找到自己的价值,并且奋勇前行,你就永不被击败。

如此,人生方才是真的好了。

极简爱情与婚姻

爱情本身没什么价值，但是爱情可以赋能你生活的方方面面。有了一份爱，吃饭有意思了，睡觉有意思了，旅行有意思了，逛街有意思了，发呆有意思了，工作有意思了，刷牙有意思了……啥都有意思了。

它很像魔法，叮～就在你生活的废墟上燃起了烟火，飘散的碎屑装点了你生活的各个角落，让它们熠熠生辉、光彩夺目。

也就是说如果你的生活，并没有因为这份爱情而变得有意思，那这段爱情就什么也不是。那么，就到此为止吧。

再爱下去，就很不礼貌了。

不要相信歌词里描述的爱情，为了押韵，他们什么事都干得出来。

般配，是两个人磨合的结果，而非相爱的前提。这世界上并没有完全般配的两个人，我们看到的般配，无非就是两个人彼此迁就妥协。

爱情中的自私，并不是性格使然，而是不爱。不爱，就会自私，因为全部是算计，唯恐吃了亏，表现出来就是以自我为中心。

谈恋爱的时候，就问你要大笔的钱临时周转，99%都是骗子；还有1%，如果你真的借了，他们就会下决心做骗子。

很多结婚的人劝你结婚，是因为抱了一种，不能我一个人倒霉的心理。所以现在有一个最新积德行善的方式：不劝人结婚，不劝人生娃，不阻止人买房卖房，不阻止人离婚。每一次失恋，都多了一个陪"恋"。然后，你需要带着你练就的绝世恋爱神功，在某个人身上功成名就，而后金盆洗手。

分手很容易看清一个人，不爱了，就看清了。因为爱的时候，会给对方加很多滤镜。对方其实没那么好，只是你的爱，赋予了对方很多的美好，而对方竟然还不感恩，真的是130斤的体重，129斤的水分。

很多男人一到节日就不知道给女朋友送什么礼物，我跟你讲，没有女人不喜欢包，就如同没有女人不喜欢花。千万不要考虑这个东西她是不是够多了。女人都是龙，把山洞里囤满宝藏然后蹲在上面就很高兴了，不一定要用的。

而女人给男人送礼物，就要突出实用性，越实用男人越喜欢，还会觉得你勤俭持家，钱都花到了刀刃上，比如剃须刀，比如电动牙刷，比如游戏机等等。简言之，男人送女人礼物，越花里胡哨越好；女人送男人礼物，越脚踏实地越好。

在这样的指导原则下，我送太太一个包，她送了我一把铁锹，还说让我提前挖个坑，如果哪一天我得罪她了，就主动跳进去。真是太实用了，真是自掘坟墓啊，骑上马，还送了一程。

所以说，婚姻里不仅有爱，还有肝胆相照的义气，不离不弃的默契，以及刻骨铭心的恩情。

爱情确实说不太清楚，所以我们才把玄而又玄的事情归结为：像极了爱情。如此，一切仿佛就讲得通了。比如：有些面包闻起来很香，吃起来确实一般般，像极了爱情；比如：你兴致来了想撸猫，猫却抓了你逃走了，像极了爱情。

再拧巴的事情，后面加上一句"像极了爱情"，好像都会顺理成章，就是因为爱情是不讲道理、没有任何规律可循的。

不说了，我要去挖坑了，说实话，挖坑的铁锹必须买尖头的，不能买平头的，否则根本挖不动。都这时候了，我却在用平头的铁锹挖坑，我也不知道为什么要挖坑，仅仅是觉得有个工具在手不用可惜了，像极了爱情。

其实你没必要活得那么紧张

自从孩子读了书,作为家长的人就再无宁日。特别是冬季,寒风飕飕,每天早上摆脱床的引力,大老远把孩子送到学校,真真是这世界上最大的酷刑。加之最近正在创办一个新公司,各种杂七杂八的事情堆积到一起,感觉处于随时要崩溃的边缘。

车在学校门口停好,儿子说:"我要走了哦。"

我说:"哦。"

儿子下车走到驾驶座的车窗前,在满是雾水的玻璃上画了一个笑脸。瞬间,我心里的寒冰就被他融化了,不再那么坚硬,而变换成了涓涓细流,我摇下车窗也向他再见。

而后我也才发现,今天的太阳非常灿烂,冬日的太阳从寒气中升起,给我巨大的震撼。路过我车旁的小朋友们有说有笑,恰似我童年赶往村口学校的感觉。早起的一些菜农在路边摆好的摊位,准备把新鲜的蔬菜卖给晨练归来的人……

这些画面我之前从来没有留意过,因为生活太紧张了,紧张到无暇旁顾。

那刻我在想，生活不必总是那么紧张，每天目光炯炯，要与天斗、与地斗、与人斗，那天地都会觉得你是个逗比。把世界当作一个战场，你其实大可不必如此悲壮。这世界根本没想过要跟你搏斗，那不过是自己内心的挣扎罢了。这世界上也不是所有人都看不起你，因为很多人根本就没看你。

只有让轻松的灵魂专注于肉体的感觉，幸福感才会被释放出来。比如开车广播里忽然有人点播自己青春年少时哼哼的歌曲，随手翻看老照片突然想起某段甜蜜的记忆……每个人都藏了很多幸福，只是被我们紧张的生活冰封了起来。

轻松，也是一种力量。

有次给客户提交一个方案，出现一个疏漏，正在想着如何辩解这个疏漏是多么合理，但都无法自圆其说，只好尴尬地笑笑说："昨天睡得太晚，竟然把这个地方给计算错了。"客户也跟着笑起来："最近我也失眠。"而后大家一起笑起来，然后我来解释了这个疏漏的错误之处。要多么巧舌如簧才能辩解的一件事，就这么轻轻松松地解决了。

出差了一段时间回来，老婆把书架全部变成了她自己化妆品的展示架，我正要小宇宙爆发大发雷霆，教育她知识比物质重要多少倍。

她说："你知道为什么每个哲学家都那么丑吗？因为他们的书架从来不美容。"

我觉得这个观点也怪有趣，去查阅了很多哲学家的照片，觉得确实每个人都长得怪怪的，完全不像我，美得不像实力派。而且叔本华那头发竖起来，俨然就是一只愤怒的小鸟。发现了这个事情，让我快乐极了，再去读哲学的书，哲学家的形象都跃然纸上。而我老婆的化妆品，我也觉得是个颇有意思的事情，后来我还跟她学习了各种品牌化妆品的独特之处，真真大开眼界。

好多人活得好累，看到个优秀选手想到的不是欣赏歌声，而是喜欢挖掘背后的黑幕；看到好笑的短剧不是开怀大笑，而是鄙夷地表示都是演出来的；看到别人幸福的生活不是由衷地赞美，而是怀疑她是不是又在炫耀幸福。人活一生不仅是批判，还有一种东西叫快乐体验；不仅有善恶对错，还有一种东西叫随心自然，不必那么紧张兮兮。

我曾经想，人越成熟，也就越冷酷，因为这样才有力量。我现在认为，人越成熟，就越放松，因为可以找得到生活的乐趣，所以不与世界为敌。

我希望在我死后，我的墓志铭可以写：这个人轻轻松松活了一辈子，最后在微笑中走了。

大暑

三伏迭出，何以解暑

一个人若不功利，就会可爱。认识你清淡如风，一杯茶，一段时间，不必跟对方急功近利，也不说自己财大气粗，就是干坐着，说说风花雪月，聊聊阳春白雪。你从哪里来要到哪里去，你童年跑过田野，偷个红薯埋地里烤熟了，那香味，飘满了整个天空。

喝完茶，微笑着再见，你收藏了我的记忆，我留下了你的回忆。

社交时代的病人

我有一个微信好友不甚熟悉,也不知道在何种机缘下加上的,只是在某一天他突然给我发了一条信息说:"我是很忙的一个人。"

我心里想:"你很忙跟我发微信干啥呢?"

我就顺手翻看了一下他的朋友圈,着实把我给吓晕了。

头像背景图是自己所有的头衔,诸如:耶鲁大学博士、哈佛大学博士、剑桥大学博士、清华大学博士、北京大学博士……这些学校都联合办学了?某协会主席、某上市公司高管。然后朋友圈里几乎都是各地的照片,只是上面一个人都没有。

更夸张的是,还有一张飞机驾驶舱的照片,配的文字是:"自己刚买的飞机,有需要的说一声。"

我立刻就给点赞并留言:"我需要。"

他就把我拉黑了。

以为我给不起打飞机的钱吗?

这个时代的社交如此发达,发达到每个人都可以不是自己。我们在网上小心翼翼地伪装着自己,唯恐别人觉得自己是个小人物,于是在各种社交场所活生生地给自己贴一个"大"字,以证明自己是个大人物,是个很厉害的人。

但是,那又如何?吹大了,你又帮不到别人。就是能咬着牙想帮别人,还得租架飞机,你说你这显摆是多么不值。

我还认识一个女孩,特别喜欢发朋友圈,其实就是发自己的照片。我有幸在某次活动陪她出游了一次,我心想孤男寡女,花前月下,肯定是很暧昧的吧。

哪知,简直就是一场拍照噩梦。

刚出门就让我帮她拍以酒店为背景的图片,耗时十分钟,因为要么嫌弃酒店字没露出来,要么嫌弃自己腿的姿势不对,要么嫌弃自己表情不好……

我一脸嫌弃的表情,心里骂矫情。

去景点的路上,姑娘一路自拍,我倒是乐得可以眯一会。睡到中间,司机开始骂骂咧咧,我睁开眼,原来是她要求司机停在行车道上,她要下去拍照。

苍天啊,大地啊,我的神仙姐姐啊。

估计是她看到我在祷告(诅咒)她,就喊:"你下来帮我拍个照呗。"

我说:"我牙疼。"

她说:"牙疼也不影响帮我拍照啊。"

我说:"牙不好,胃口就不好,心情就不好,拍照就拍不好。"

她嘟着嘴拍完坐回车上开始默不作声地修图,那手指在手机屏幕上上下翻飞。我赶紧打开手机看她发的朋友圈:"擦,怎么那么美?"

我一想也对，正是因为有我这样的人，喜欢凭一个人的照片来决定对一个人的好恶，才导致女孩们如此在意自己的照片。

后面吃饭她拍拍拍，走路拍拍拍……游玩结束，我们互相拉黑了。她拉黑我的理由是，我给她拍的照片不好看，我拉黑她的理由是，她不好看。

社交方便，认识朋友方便，拉黑朋友也方便。我在想，人与人的交往有很多形式，有神往之交，有床笫之交，有患难之交，有点赞之交……现在很多人全部变成了利益之交。

人与人交往的重点是，你对我有没有用。我加的好友大部分打招呼之后就是，你能不能帮我看个文件，你能不能帮我介绍个对象，你能不能给我点儿指导意见……

最让我难受的是，认识了一个朋友，刚加上就问："你能不能告诉我某个明星的微信？"

我说："我也不是很熟呢。"

她说："我们领导特别喜欢他，我加你就是为了要他的微信号，你没有，这太尴尬了！"

我说："我有也不会给你啊。"

她说："为什么啊？"

我说："他又不是医生。"

她说："我又没病找医生干啥？"

我说："你自己不知道而已。"

然后我就顺手拉黑了，怕聊下去我会有病的。

我觉得，一个人若不功利，就会可爱。认识你清淡如风，一杯茶,一段时间,不必跟对方急功近利,也不说自己财大气粗,就是干坐着,说说风花雪月,聊聊阳春白雪。你从哪里来要到哪里去,你童年跑过田野,偷个红薯埋地里烤熟了,那香味,飘满了整个天空。

喝完茶,微笑着再见,你收藏了我的记忆,我留下了你的回忆。

这场景多美!

可惜在功利入骨的年代,难以寻见可爱简单的人了。

聊天中的符号

我其实不大喜欢聊天使用叹号的人！

对，就像我上一句一样。

比如：你在哪里！你为什么不回我短信！你又怎么了！

这些话难道不该用问号吗？

比如：你在哪里？

而你在哪里！明显很强硬，咄咄逼人，让人非常不舒服。

频繁使用感叹号的人，一般性子都比较急，以自我为中心，自己的情绪表达胜过一切，往往不在意别人的感受。

你们感受一下！是不是这样！！！我说的是不是对的！！！

但有一个例外，就是：我爱你！我想你！

所以表达正面情绪可以尽情用感叹号，比如：你好帅！

表达负面情绪或者怀疑或者抱怨，尽量不要用感叹号，否则会火上浇油。

聊天中经常用句号的人，相对比较严谨，每句话显然都经过深思熟虑，想完打好字，然后加上句号，以表示自己该说的说完了。

比如聊天中你回复：好的。

很明显是思考过之后的回答，因为你末尾加了一个句号。遇到这样的人，你要珍惜，因为他真的是一个认真的人。

而如果你说：好的

后面又没有任何标点符号，仿佛你还有话，但欲言又止。

聊天中经常用"~"的人往往比较温柔，在乎对方胜过自己，一般软妹子和暖男喜欢使用。比如你们感受一下：

我此刻很想你~

是不是比"我此刻很想你！"要软一些？

好的~

你真的好棒~

我在洗澡~

所以如果你的女神或者男神跟你说：我在洗澡~

你就可以把"~"理解为对你招手：来啊~

如果人家说：我在洗澡！

意思就是：你滚吧！

聊天中经常用省略号的人，往往比较闷骚，有话又不爽快表达，一肚子意见又不说，吞吞吐吐。比如：好的……

要不你来我房间……

其实我想说的是……算了，我不说了……

符号是一个人内心的映射，但有些人聊天从来不用任何标点符号，比如：我想问问你吃了没有如果没吃的话晚上我们一起吃个饭吧

还吃什么饭啊，标点符号都被你吃完了，你应该也不会饿了啊。

微信头像和名字的秘密

我各地云游,接触人的机会多,所以微信加的好友也多,甚至有一次在某网站订酒店,代理商客服给我打了一个电话,随后加了我的微信,我一看头像很漂亮就通过了。后来,她经常在微信上问:"先生,要订酒店吗?"搞得我好尴尬啊,我答应啊还是不答应啊。就这样,微信好友越来越多,以至于到了再也不能加的地步。所以,有新朋友要加,我就得琢磨着把哪个老朋友删掉,就这么在通讯录扫来扫去的时候,你们可以想想这些朋友等待判决的心情,与此同时我也发现了一些名字和头像的秘密,说给你们听听。

有一类人喜欢在名字前面加A,当然以做微商的朋友为主,因为这样就可以出现在别人通讯录里的第一位。我有一个好友最夸张,名字干脆是AAAAAAAA,不过他还是没比得上一个叫A000000000的,这就叫道高一尺、魔高一丈。我怕这么比拼下去我的朋友名字全是0了。

当然也有特别的,比如英文名字叫Alex之类的,除了这类,刻意在名字前面加A、加0的,特别渴望存在感。还有个朋友叫

AV，不知道咋想的。我觉得刷存在感不一定要在名字上做文章，每天发点儿心灵鸡汤多好。我都不敢想象，如果把我朋友圈里做微商和代购的都删掉，我的世界会灰暗成什么样子。一早一晚他们都勤勤恳恳地告诉你美好的一天开始了，美好的一天结束了，要向着阳光快乐地生活，卖不出去货你快乐个啥啊？不过，还是真的好感激，只要别说钱的事，我会一直喜欢你们的，虽然发的话你们自己都未必相信。

还有一类朋友的名字一个汉字、字母和数字都没有，就一朵小花，其中一个朋友的头像是一朵菊花，好有画面感对不对？头像是菊花，怎么想怎么别扭。对了，后来我才知道那个菊花是向日葵。还有用口红的，用小树叶的，你们知道搜你们的名字有多费劲吗？可能这类名字代表了他们的某种心情吧，比如用太阳的可能很阳光；用口红的想表达自己的性感；用气球的想表达自己对远行的渴望；还有一个人名字叫"跟我说自己是个王子，青蛙王子"，我还以为是忍者神龟呢。

如果用小图标做名字还代表心情的话，那用符号的是啥意思呢？有人用"，"做名字，这是小蝌蚪游啊游啊还是未完待续啊？还有用"……"做名字的，你这是在排队吗？最不能忍的是用空格做名字的，你这是存在啊还是不存在啊？哈姆雷特说："这是个问题。"我就想问一句，人类费劲发明了那么多文字和符号，你却用空格，你这是不是跟人类文明对抗啊？

如果说以上皆是心情使然，那在微信名字后面加手机号是什么意思？是不是暗示加微信就是做业务的意思？对这类人加好友的欲望都没有，因为这种名字一看就是业务员。我一个最夸张的朋友名字是：姓名＋手机号＋家庭住址，好好一个人，活成了一张快递单。

其实用什么名字不重要，重要的是头像好看。

不过随着美图算法的进步，微信头像越来越不能信了。我好几个熟悉的朋友，看头像我都认不出他们来。难怪现在网恋的悲剧越来越多，人与人之间基本的信任呢？如果奔着约会的话，简直就是赤裸裸的互相伤害啊。用美化无数次的头像追求美是没有错的，但追求约会就是诈骗了。

人间没有真情在，生活处处是套路啊。

我老婆最近换了一个头像，美不胜收。她问我："你看这个照片像不像我？"

我端详了半天说："你告诉我有哪一点儿是像的？"

她说："头发的颜色啊。"

……

用生活照做头像的人很真实，用艺术照做头像的人很在意别人的看法，用孩子照做头像的人不懂得安全，用结婚照做头像的人意思是"不约不约我不约"，用动物照做头像的人有爱心。我一个朋友听完我这个分析后，把自己的头像改成一行字的图片，那行字是：该人太帅，头像无法显示。

每次盯着他的头像，我都觉得是在看墓志铭。

立秋

清风徐来，志在外也

我觉得旅行最大的价值，不是看千帆览万物，而是在旅行的过程中发现事事未必如你意，人人未必如你想。于是，开始放下执着，学会接受挫折，学会尊重他人。心境于是豁然，心胸于是开阔，于是开始放下纠结与偏执，找到一个随遇而安的自己，然后带着一个崭新的自己回到那个熟悉的家。

孤独的力量

吴淡如如此描述一个人的旅行:"只有一个人旅行时,才听得到自己的声音。它会告诉你,这世界比自己想象中更宽阔。你的人生不会没有出路,你会发现自己有一双翅膀,不必经过任何人同意就可以飞翔。"

不知道从什么时候开始,我喜欢上了自驾游,心血来潮飞到某处,租辆车就上路。不必有特定的目的地,也不必做详细的规划,开到累了就休息,开到困了就找个汽车旅馆睡觉,走走停停,一路风尘仆仆,实在不想再开下去了,就掉头返回。很难说这是在看风景,还是在寻找自我,反正就是喜欢这样在路上的生活。

很久就合计着要去美国自驾游。美国的自驾游首选两条路线:一条是从芝加哥到洛杉矶的 66 号公路;一条是从洛杉矶到旧金山的 1 号公路。66 号公路承载着美国的公路文化,1 号公路则展现着美国的海边风景。1 号公路全长 740 公里,两天的时间已经足够充裕地走完,而 66 号公路全长 3929 公里,没有十几天的时间,没有足够的精力和耐力,很难坚持走完。相较于 1 号公路绝美的海边风景，66号公路更多展现的是苍凉，漫长的无人区，一眼望去笔直到没有边际的公路，足可以让每个人寂寞到极处，最终感受到孤独的魅力。

没承想自己自驾游的计划还没执行，就收到某汽车品牌的邀请，去横穿美国自驾66号公路。想来是极酷的一件事，于是推掉各种安排好的工作，欣然前往。因为这条路有阿甘跑步的印记，有《赛车总动员》的路线，也有凯鲁亚克《在路上》的沧桑感。有些情结埋在心里，平时或许风平浪静不轻易示人，但只要被人挑动，立刻就迸发出来，再也难以平复。

从北京飞到芝加哥，主办方为了体现文化之旅的概念，特别贴心地安排第一天在芝加哥大学，跟美国历史学教授戴维·G.克拉克做交流。戴维教授用一张张老照片讲述着66号公路的历史：66号公路从1927年开始兴建，直到1938年宣告完工，从芝加哥到洛杉矶，途经伊利诺伊州、密苏里州、堪萨斯州、俄克拉何马州、得克萨斯州、新墨西哥州、亚利桑那州和加利福尼亚州，横跨三个时区，是当时那个时代美国的主干线，同时也体现了美国开拓进取、不畏艰难的国家精神。不过时至今日，66号公路在交通运输上地位逐渐被高速公路取代，更多承载起了记录美国公路历史的责任。

戴维教授讲到动情处，会不断地咳嗽，声音在宽敞无比的教室里回荡，除此以外，再也没有其他声响。咳嗽声配着幻灯片上发黄的照片，略显沧桑。

一条路会逐渐荒凉，一个人会逐渐老去，如若没人记录，谁会记得曾经的辉煌。

不过，我喜欢苍凉。

所有景色中，我最喜欢苍凉，那种渺无人烟的苍凉，总不由得让人想起"大漠孤烟直"这样的话来，或者是"劝君更尽一杯酒，西出阳关无故人"的情怀。开车行走在这样的景色里，前不见人，后不见鬼，看似寂寞，其实是在享受孤独。

一阵风吹来，吹乱了头发，会感觉到一种酷酷的美，美到心里化成了豪气，仿佛一张嘴就可以气吞山河。

66号公路上有很多这样的荒凉，比如得克萨斯州。

开车一进入得克萨斯州，就看到大片大片的荒漠，美国所谓的荒漠并不是沙漠，还是有少许的灌木层层叠叠生长在地上，所以绿色、黄色加上山的褐色交织在一起，随意抬眼看就是一幅山水画。画是静止的，空气是静止的，一条路从眼前直接延伸到天际，车行于上，感觉也是静止的。这种静止，很容易让人滋生出绝望。

因为你不知道什么时候才能走到尽头。以为山是尽头，翻过去还有山。以为云是尽头，却始终难以捕捉到它的影子。就这样，只有车的发动机发出的咆哮声，混合着灼热的空气，而人，则是酸楚配合着寂寞，荒凉配合着孤独，各种情绪涌上心头。此时有各种词语可以形容这种感受，却觉得没有一个能拿得出手。

外界越是荒凉，心灵越被滋养。因为你不必伪装，也不必扮演，你就是自己，身处荒凉，谁管你是谁，你管他是谁。所以，人若不会享受孤独，便永不会成熟。一个人不能享受孤独，就会很寂寞。

走着走着，会忽然闪出一些路边小店，算是孤独路上最大的犒赏。赶紧刹车，不为别的，就是想跟里面的人说一声"Hi"。

他也说 Hi，然后开始讲述自己坚守 66 号公路的故事。孩子们去了纽约，自己不愿意离开，是因为割舍不下内心的情结。这种情结就是自己见证了 66 号公路的辉煌，当初人来人往，而今虽然稍显没落，却也有很多路过的客人，他们来买自己的可乐也好，纪念品也罢，在这里他们可以得到帮助。而他，可以用这些钱谋生。这一切，已足够。

看着他破旧的电视和满是尘灰的脸，我稍微感觉到惭愧，我拥有的比他多，却未必如他那般有坚守的勇气和"足够"的心胸。正如蒋勋所言："够了，其实是人生极高的智慧。"因为够了，所以更能享受生活，活出自己。

就这样，沿途经过很多小镇、很多小店，也遇到很多人，我带走他们的故事，他们留下我一路走来的见闻，然后微笑着说再见。我们或许只有一次机会出现在彼此的生命里，从相遇那刻就已经开始了告别。所以每时每刻尽量不遗憾，就是最好的相遇。彼此将来都好好的，便是最好的相见。

告别得州，进入新墨西哥州。

新墨西哥州比得州更荒凉，所以总有人提醒我杀人越货这样的事情，想起《绝命毒师》里的片段，再看看周围荒山野岭，我也心有余悸。同行的人说，怪不得《绝命毒师》中老白能找到地方藏钱，要是在国内拍这个片子，想找个没人的地方都难。怕是你在埋钱，身边会有无数人旁观，甚至有人会干脆架起手机直播。

随队的专家奈克是个《绝命毒师》的剧迷，剧中每个拍摄场地他都耳熟能详，于是我怂恿他安排个场地去参观一下，以满足自己对《绝命毒师》这部剧的喜爱。他欣然应允，带我去了一个小咖啡店，说这是剧中黑帮聚会的地方，我一时想不起来，就围着咖啡店转来转去，竟然也没有发现任何标记来证明拍摄过《绝命毒师》。

这个店的老板真是太不会做生意了。如果是我，定会在显眼处挂上大牌子，上写：《绝命毒师》拍摄地。然后再推出"绝命毒师套餐"，如有可能再开连锁店，然后融资，最后上市。

老板瞪着眼睛看着我，他实在很难理解我的想法，于是继续低头去磨咖啡、煮咖啡、倒咖啡，陶醉于自己的世界。

路上遇到的很多店主都如同这个咖啡店的老板，好像没有开化，也不太有生意头脑。生活高于赚钱，喜好高于盈利。不能说他们无欲无求，他们在自己喜欢的事情上精益求精。不能说他们淡泊名利，他们在自己的生活态度上有自己的坚守。

在这个熙熙攘攘的世界，选择一种安静的生活态度，然后在安静中，选择不慌不忙的坚强。因为始终找得到自己，所以不急不躁。

看别人的生活，想自己的人生，不知不觉间进入了亚利桑那州。

晚上住在一个小镇，同行的人非常兴奋，因为终于见到了这么多人。是的，很多人，一路走到现在这个景观倒是最难见到的。所以，车刚开进小镇，就有人喊："快看，人！"

不仅有人，还有美人。

晚饭后我在十字路口等车，天空在落日余晖的映射下，布满了淡淡的色彩，一会红，一会绿，仿佛害羞的少女，越是不想轻易示人，越是可爱至极。身后停着一辆卖冰激凌的车子，围着一群游客，就在人头攒动的缝隙中，被一位女子击中了内心最柔软的地方，立刻兵荒马乱。

　　她不知道我奔赴万里而来，就是为了遇到她。她也不知道，在她认识我之前，我已带着心中的千军万马驰骋而过。而她在那里静静站着卖着冰激凌，如夜色中的玫瑰，娇羞中透露出性感。所有这一切相遇的美好，与离别的愁苦，她都不知道，她只负责美好，我把一切打包带走，不给她留下一丝的困扰。

　　人的一生中会遇到很多种类似的心动，但是真爱就会自控。明知没缘，便不会滥情。因为遇上她，亚利桑那州越发显得性感。

　　经过十天的艰辛，终于到达了加州的圣莫尼卡。

　　同行的朋友在街上欢呼雀跃，其他人并不知道，我们经历了怎样的辉煌。我突然觉得，不管年龄与性别，只要有旅行的冲动，现实就蹉跎不了人生。

　　66号公路就好像是这样一个地方，去赴一次约会，或者去了结自己心中的一份渴望，来跟自己内心的孤独做个了断。这条路上最能体验美国原汁原味的文化，也最能感受到孤独。这种孤独的力量，能让人最深刻地洞察自己，也让自己的灵魂变得更强。

　　经常有人问我旅行的意义。我觉得旅行最大的价值，不是看千帆览万物，而是在旅行的过程中发现事事未必如你意，人人未必如你想。于是，开始放下执着，学会接受挫折，学会尊重他人。心境于是豁然，心胸于是开阔，于是开始放下纠结与偏执，找到一个随遇而安的自己，然后带着一个崭新的自己回到那个熟悉的家。

给自己藏点小幸福

我给自己藏了很多小幸福，比如我买了很多喜欢的书，但放书架上一直不读，有条喜爱的领带放在衣柜里一直不用，有部经典电影放抽屉里一直不看，我想去马尔代夫一直不去……

等自己心情不好情绪低落的时候，就拿一个出来，让生活充满期待和快乐。

我把这些事情叫——藏着的小幸福。

去马尔代夫这个小幸福，我藏了十年，为了让自己不至于遗忘，我把儿子的乳名都取作兜兜，因为小猪兜兜最大的梦想也是去马尔代夫。

去年开春事业遇到诸多不顺，我就想起了这份小幸福，决定把它取出来，但这份小幸福反而给我带来了不少痛苦。

梦想往往是美好的，现实往往是残酷的。

在去马尔代夫的路上就体现了出来，我们全家三口选乘了斯里兰卡航空的飞机，首先从上海飞往泰国的曼谷，然后由曼谷飞往斯里兰卡首都科伦坡，最后在科伦坡换乘前往马尔代夫。

从上海起飞后我就开始后悔了，因为我掐指一算，整个行程下来需要十几个小时，斯里兰卡航空的飞机又不是那么尽如人意，空姐空少又不是我这个审美取向能消受了的，于是我想起了一句话：想念不如怀念。还不如永远不见。

经过近十个小时的折腾，飞机终于降落在了经停的中途站——科伦坡。斯里兰卡在我印象中一直是一个战乱频繁的国家，在候机三个小时的时间里，发现很多像军警模样的人，我总觉得他们会忽然冲上来拿枪指着我："不许动，举起手来！"那我就怕是要光荣革命了。

就在懊恼闲逛的时候，我发现机场一个角落里有一个小邮局，里面卖的是斯里兰卡的邮票和明信片，如果邮寄回中国，明信片加邮票一共是1美元。我一想国内朋友那么多，还不如送这个礼物，既能体现当地的特色，又能不落俗套。于是，临时上网通过微博发私信问十几个朋友要了地址，然后非常用心地给每个人写了祝福语，放入了那个神秘莫测的邮箱。

写完还剩下一张，于是我快递给了自己。

好不容易到了马尔代夫，预订的酒店又出了问题。我们预订的水上屋出了问题，本来预订了5个晚上，给缩减到了3个晚上。我在前台一通"中国式脾气"，比如喊你们领导过来等，也没让前台改变这个错误。

马尔代夫除了蔚蓝的大海，在我看来也没什么好看的，加上旅途鞍马劳顿，基本上接下来的时间就是面朝大海，呼呼大睡。

等赶回国内，忙于工作，旅行的事情也就渐渐遗忘了，心情依然焦虑无比。在一个月后的某一天，忽然收到了深圳朋友的短信：

"竟然真的收到了你邮寄来的明信片，上面有你热切的祝福，还带着赤道热乎乎的风。"

我忽然想起还给自己邮寄了一张，于是赶忙去打开自己家许久也不开的信箱，里面竟然真的也有一张，上面写着我给自己的文字：

这张明信片写给未来的自己，希望你收到的时候心如晴空。没什么过不去，连过去都会过去，就如同此刻我写给你的卡片，等你收到的时候，却已经过去。

拿在手里自己一时竟然说不出话来，仿佛看到过去的自己站在自己对面，微微笑着，期待着今天的自己。

是呀，任何你认为艰难的事情，最终都会成为过去。当你回首往事的时候，甚至会哑然失笑，当初怎会如此的纠结？没有一种痛会持久不消，没有一种恨会永承不变，没有一种爱会停滞不前，没有一种情会执迷不返。

最终，时间会冲刷掉一切，在某个不经意间，与那个放下的自己见面，与这个世界和谈。

人生中的每一步都自有原因，当你回首往事，所有所谓的挫折、失败、委屈、失恋，叠加起来，把你推到今天这个位置，差一点儿都不行。过往的，都是最好的安排，而今天所有你经历的一切，都会把你推到未来的某个幸福时刻。今天所面对的，都是通往未来最好的历练。

最后，当你站在未来回首来时路，才发现，每一步都自有用意。

天地间的第一个人

初春去了趟丹麦,本来想写点儿什么,又被各种生活烦琐的事情打扰,一晃半年过去了。但有些事你不记录下来,总觉缺憾,以至于梦里或者发呆的时候,思绪经常不由自主地回到那个纯净的地方。

这可能就是要提醒我,要写下点儿什么,给自己和那个地方做个交代了。

我想旅行大致可以分作两类:一类是不断去新地方猎奇;一类是不断去老地方怀旧。前者通过不停转移,来感受风景给自己的刺激。后者通过安静的反思,了解更深刻的自己。

去丹麦算是前者,因为从来没去过,算是猎奇。但是还好,那里有熟悉的安徒生童话,有熟悉的美人鱼,有熟悉的蓝罐曲奇,有熟悉的乐高玩具,还有一个好朋友 Jens(岩森)。

岩森是丹麦人,喜欢旅行,我们偶然结识,一见如故,他就几次邀请我去丹麦走走。那种热情,就好比是自己有个特别喜欢的玩具,一定要分享给别人,才能获得最大的乐趣。

从北京飞到哥本哈根已经是当地下午 6 点左右，北欧的天气出奇的好，天蓝得让人不禁赶紧呼吸两口，那种蓝让人窒息，因为仿佛是没有空气一般，一眼就可以看到宇宙的最边缘。不像北京以前灰蒙蒙的天，感觉那样的颜色才叫有空气，才不会让人产生恐慌。

岩森非常热情地给我介绍丹麦。丹麦全国人口 600 多万，我一想上海有 2000 多万人，然后他说在丹麦每个人需要做很多事情，因为人不够，比如丹麦旅游局就几个人，又要负责宣传，又要做会计，又要做策划，还要写文案，所以丹麦人很忙。

第二天他带我在哥本哈根溜达，溜达到市政厅的时候，他说你看前面那个人，是丹麦的啥部长，下班准备骑自行车离开。我激动得当时想去拍个合影，岩森说有啥好拍的，这些搞政治的就是个职业而已，可能别的啥都不会就做这个了，职业公务员而已。

有平常心的公民，才有不被神化的政客。

看岩森的表情就是，我把他选出来，他该来感谢我才是。

我问他，那你的志向是什么？他说他就是喜欢旅行，所以现在每天的工作就是旅行，后来干脆在丹麦做了一家旅行社叫岩森旅游，专做私人定制旅行。这里的人都讲究专业，比如你的志向是做服务员，那你就去读服务员的技校，如果你喜欢挖掘机，那你就去读"蓝翔"，差不多是这个意思。如果将来你觉得自己的职业发展遇到了瓶颈，就再读书进修，干吗每个人一开始都要读大学？

呃，这个问题把我难住了。他说，学习应该是一个终身的过程，有需要再去学习，否则会造成人才浪费。然后他很开心地跟我说：我女儿在附近一个商场做服务员，要不要我带你去见见？她就喜欢做服务员，每次说起她店里卖的瓷器都眉飞色舞。岩森说起来非常自豪，我心想，这真是个好父亲。我女儿如果也在卖瓷器，我肯定逼她去读个哲学研究生，然后才会让朋友见。

第三天我们坐飞机从哥本哈根机场飞格陵兰岛的 Nuuk（努克），说一下哥本哈根这个欧洲最佳机场，很安静，基本听不到满机场的广播，只有小范围的告知。安检也是漫不经心的，当地人的解释是，这里的人都懒得去犯罪，那么辛苦的事，留给那些别国来这里流浪的人去做吧，我们还不如去晒太阳呢，不要抢别人的就业机会。

我以为努克很近，没想到要飞越大西洋，一路上睡得昏昏沉沉，因为北欧航空的空姐，其实应该叫空嫂，长得实在不敢恭维。我们的空姐大部分都身材妖娆，岩森说这没什么，他还遇到过空姐胖到推餐饮车卡在过道里的情况呢。

努克只是我们的中转站，我们要在这里换个小飞机飞往 Ilulissat（伊占利萨特），努克的机场更小，不过岩森说努克的机场其实也算个大机场，因为有厕所，有咖啡馆，有商店。从登机口到飞机有 200 米左右，机场还提供一辆摆渡车。其实，从候机口走过去不就得了？问服务人员，他们解释说他们有辆大巴，如果不用，停那里做什么？我想了想，这真是个好理由。

人家有，我们也要有。很骄傲的感觉。

在努克等待转机的人很多，大部分人就出来晒太阳，我就很酷地站在路标下面"到此一游"。也不知为啥，我特别喜欢拍路标，可能内心还是怕迷路吧。

格陵兰岛英文叫 Greenland，意思是绿色的岛，其实这岛上除了石头、海,就是雪。

相传古代有个海盗,一个人到达了这个岛,但怎么吸引人过来呢?他就对外说这里是一块绿色的大陆。我开始怀疑我是不是也被骗了?来这冰天雪地的地方看什么呢?

飞机刚落到 Ilulissat 我就被震惊了,真的是冰天雪地啊!漫无边际的雪在阳光的照射下分外耀眼,天蓝得更加放肆,以至于快成了黑色。

小镇上有家酒店,哪怕是这么偏远的地方,也维持了四星级的标准,室外寒风刺骨,室内温暖如春。但我到这里不是来烤火的,于是就非常不知好歹地推开了酒店的门向外走去,一阵冷风轻轻吹过来,几乎冷到要窒息的感觉,那种感觉就好比是,瞬间被林志玲抱住,不知所措。

一口吸进肚子里的冷气,立刻冰冻住了五脏六腑,缓了一分钟我才能够呼出一口气,感觉从死亡的边缘被拉了回来。我打量了一下酒店周围,四周冰雪覆盖,天上五颜六色,睡在这样的地方每天怕是美得都要笑出声来。

酒店不远处就是湖,湖边上漂着冰,可以点杯酒坐到冰块上去喝,怎么都感觉这是非常芝华士的意境。当地人说这些冰看着小,下面是非常巨大的,当年"泰坦尼克"号就是撞上这里漂出去的冰块沉没的,那感觉非常自豪的样子。

在这里,冰就是信仰。

到达 Ilulissat 的第二天早上,其实也不算早上,因为 5 月的北极圈内已经没有黑夜了,整天都是白天,只能盯着表才知道是白天还是晚上。由于我时差还没倒过来,所以凌晨两点就踏着早上的光线出门了。

我以为登到高处就可以看到阳光,没想到高处的远方还有高山,于是又去攀登那座高山,就这样一个山头一个山头地征服。在爬了将近一个小时的雪山后,终于跟一堆石头一起看到了低调的日出。太阳把天空渲染出各种颜色,很多层次,淡淡的,纯纯的,站在这样纯洁的地方,那感觉就好像是:地球刚刚诞生,而你是第一个人。

用了大约两个小时赶回酒店,服务人员说:你胆子够大的,说不定哪里有个雪坑你就 goodbye(见上帝了)了,还好你回来了,变成了 goodlucker(幸运儿)。我心想,在这样的地方被冰封几万年,醒过来还是一条好汉。上午迫不及待地租了架小飞机去看北极圈,机长开车把我从酒店接到机场。说是机场,不过就是块平地而已,因为人手不够,所以他负责接待、开大巴、当财务、做导游,当然还开飞机。我心里一个劲儿地想:"你行不行啊?"

小飞机轰隆隆地飞起来了,因为没有云彩,那种漂浮感又是一阵恐慌,到处明晃晃的白色,偶尔看到几块裸露的岩石,整个北极就这样被冰封着,几乎没有任何生机,除了风声几乎也没有任何声音。这样安静地待着,一待几万年。这是何等的壮阔,反正我是一直张着嘴说不出话来。

我瞪大眼睛盯着冰雪覆盖的大地,心里默想着不定哪里就会冒个什么生物出来,比如哥斯拉、奥特曼、美国队长或者白雪公主什么的,可惜什么都没有。在北极你最大的感受,就是什么都没有。

因为什么都没有,就逼迫着自己思考宇宙人生这样的大命题,你所面对的环境会决定你的思想。

所以跟大自然接触久了，就很容易放下对人的纠结。看看岩石，就明白生命都应该有它的位置。看看大海，就明白生命都应该有它的宽阔。看看雪山，就明白生命都应该有它的高度。你那点儿怨恨，跟岩石、大海、雪山比起来，算得了什么，弹指一挥间，万事皆成空。人家都待了上万年，你一共才活不过百年，还跟人较劲，你傻不傻？

接下来几天，Ilulissat 这个小镇快被我折腾哭了，由于时差问题我怎么都睡不着，这几天小镇上流传一个恐怖故事，来了一个中国人挨个餐馆找米饭吃，晚上不睡觉，凌晨还误闯了他们的墓地。每天去爬雪山，跟狗狗吵架，在雪地里打滚，最近他们都在打听，那个中国人快走了吗？

那个中国人不走，而且还在偷窥他们的房子。

不愧是童话的世界，房子全是五颜六色的。有好的风景，摄影技术就不会成为问题，只要随便一拍，就美轮美奂。所以，我在想拍照总是强调姿势、光线的人，可能就是因为人太丑了，比如我。说起跟狗狗吵架，这里的狗狗实在太多了，一个小镇大约有 5000 只雪橇犬，在这里狗不是宠物，而是工作犬。它们奔跑能力极强，连跑一个小时不停，边跑边吃雪，嗯，吃喝拉撒全部在奔跑中完成。每个队伍有个狗队长，在奔跑的时候有些狗狗如果偷奸耍滑，它就会冲它们吼叫。相比城市里那些宠物狗，这里的狗狗过得绝对是非狗的生活。

但这就是它们的命运。这里的狗狗大多性格活泼，奔跑就是它们的生命。我想起来一句话，其实狗都是惯坏的，更何况人呢？

在岩森的悉心照顾下，就这么晃晃悠悠住了一周，除了这个小镇哪里都去不了，眼睛却有看不完的景色，我就想，这样的一个地方，一生可能就来这一次，因为来一次着实不易。但一生一定要来一次，如果你生活在这个星球上，每天只看到高楼大厦，每天都是尔虞我诈，每天挤公交、地铁上班，而忘记了在这个星球遥远的地方，有这么一片你没有看到过的景色，实在是一大遗憾。

短短一生，以什么方式，在什么地点，什么时间结束，谁都说不清楚。每天要快快乐乐，朝自己想努力的方向前行，临终前扪心自问，我无愧于这一生，已然无憾这次身为人的旅行。

所有的争名逐利，所有的爱恨情仇，都会随着你的死亡化成泡影，这样一想，就没什么放不下，没什么想不通，人生的质量也就大不同。从丹麦回来的几个月，偶尔会接到岩森的短信，说不要忘记那时快乐的心情，想起在格陵兰岛站在冰山上的自己，想起乍起的地球刚诞生，自己是第一个人的豪迈，不禁感慨万千。

世界很大，自己很小，所以不必蜷缩在阴影里，斤斤计较。

人性难断

我觉得短暂离开现实生活的方法大致有四种：

读书，是去别人的灵魂里偷窥；

看电影，是去银幕里感受别人的生活历程；

冥想，是去自己内心的秘境里探寻；

旅行，是去陌生的环境里感悟。

离开现实生活其实不是逃避，而是从另一个角度观察生活，启发心智。旅行归来自己还是自己，心境却已大不相同。

读书、看电影、冥想三种方式只需要花费很小的成本就可以离开现实生活，旅行因为涉及种种安排和意外，所以稍微不慎就脱离不成，反而更加烦恼。

我不喜欢跟团旅行，因为最怕听到"你快点呀"这样的催促声。旅行又不是赶路，那么着急奔到目的地，不是目的。在路途中，感受环境与心的互动，方是旅行的真谛。落单了，误车了，迷路了……都给你一个机会以全新的视角来观察这个世界，不妨怀有一颗好奇之心，探索一下这个被打乱计划的世界。只要在路上，哪里不是旅行？

在去泰国旅行的路上，更加坚定了我这个看法。

很早之前，看完《泰囧》这部电影，我就想去走走。我对泰式按摩和人妖不是太感兴趣，对泰国的寺庙比较感兴趣。因为看完电影后，我一个曾经去过泰国的朋友说，在泰国最值得去的地方就是寺庙，据说大大小小有几十万座。除了那些游客喜欢去的大庙，很多小庙更有意境。进去随便一坐，什么也不干，什么也不想，几条老狗在门外徘徊，清风阵阵，吹动屋角上悬挂的铃铛丁零作响。坐上几个时辰出来，觉得内心得到洗涤，更安静、更平和。所以，修禅就是修心，问佛就是察己。

听他说得神乎其神，我于是开始收拾行装并且上网查询攻略，查到泰国人大部分中文也不懂，英文也不行，我又带着老婆、孩子，保险起见无奈报了一个旅行团。

一行20人，落地到曼谷机场，接我们的导游完全超出我的想象，我觉得泰国的导游不是像宣传画上的人妖那么漂亮，起码也得是身材苗条。然而，接待我们的却是一个身高不足150cm，体重得往100kg以上猜的老太太。她自己介绍说：你们就叫我潘屁屁，就是潘长辈的意思，因为我快60岁了，而且还是单身哦。

那个表情，让人立刻买返程机票的心都有了。

一路上倒也相安无事，潘屁屁对泰国的景点了如指掌，段子也是讲得如数家珍，她说曼谷跟北京不一样，曼谷每天只堵一次车，就是从早堵到晚。

就这样一路听段子一路堵车一路看景点，结束了曼谷的旅行，奔向下一个目的地：芭提雅。据潘屁屁说，芭提雅是人妖之乡、色情之都，说得满车的年轻人蠢蠢欲动。潘屁屁接着说："不过芭提雅的大部分项目都需要你们自费。"

有些人嘀咕起来："不是交过旅行费用了吗？"

潘屁屁说："你们交的是简单的旅行费用，你们想想区区几千块钱，刨去机票、酒店、餐饮，你们在泰国一天，我们就赔一天，所以说白了，我们就是通过这些自费项目赚你们的钱。"

这话说得倒是实在，不要脸的实在。

我有点按捺不住，就说："那我就只参加那些简单的包含在旅行费用里的项目好了。"

因为我一看自费的那些项目，大部分是人妖表演，我带着孩子也不方便。

潘屁屁马上一脸的不耐烦："我就说白了吧，这些自费的项目，你们交也得交，不交也得交，我潘屁屁做导游几十年，这笔钱还从来没有收不到过。"

这汉语流利的，真的是惯犯。

我心想，这下你麻烦了，我一定要做第一个你收不到钱的。

于是我连连摇头："这不是抢劫吗？如果不交会如何？"

潘屁屁见我不是善茬，对来自中国旅行社的领队说："你去跟他说，这钱我收定了。"就坐下不再作声。

领队到我身边一把鼻涕一把泪地说："第一次带队泰国这条线，也没经验，摊上个不好的当地导游，反正这些项目也不错，不如就当见识见识。来泰国不看这些看什么？"

我说:"我带着孩子不方便呀。"

领队热情地说:"让潘屁屁帮你带呀。"

我说:"你怎么不帮着带?"

她笑着说:"我还得进去长长见识呢。"

我真怕孩子会被潘屁屁拐骗走去做了人妖,坚决摇头说不行,并且上升到了民族立场,我说咱中国人出来不能被人这么看不起,这个旅行线路不知道多少人被宰过,如果总是这么顺着他们,泰国人还以为中国人好欺负呢!如果长此下去,中国人这个懦弱的形象根深蒂固后,肯定不行。

看到领队为难的样子,我说:"这样吧,要不到了芭提雅我就自由行,我带家人离队,省得你们继续赔钱。"

潘屁屁在前面大约听到了我们的谈话,知道遇上了刺儿头,就走到后面对我小声说:"你可以不交,我给你们一家三口免了,但是绝对不要告诉其他人,败坏了我的名声。"

她的名声在我这里早就坏到了极点,我非常厌恶,偏头去看窗外不再搭理她。

后来所有的项目当然我也都无法参与,于是同车其他人进去观赏,我带家人在外面等,幸好这些项目时间也不长,一般一个小时他们就从里面神秘地出来,对于看到的内容都秘而不宣。而他们的孩子则由潘屁屁负责照看,我则警惕地看着潘屁屁,防止她贩卖小孩。我心想这人应该什么坏事都做得出来。

在后来的项目中,我看她带孩子倒也用心,除了把一个小姑娘抱着坐在腿上,还不时带孩子们捉迷藏,尽显慈母之态。我心想,肯定是别有用心,让他们的家长后面拼命消费其他项目。

当你对一个人厌恶后,就会怎么看怎么厌恶。

在旅行即将结束的前一天晚上,一个小朋友在回酒店的路上突然发烧感冒,在车上大哭大闹起来,旅行团所有人都手足无措。这时,潘屁屁赶忙从车前面跑过去,先是用手摸了一下他的额头,然后吩咐司机找就近的医院。找到医院后,她第一个抱着孩子冲下车,家长也跟了下去,我们焦急地在车上等。

等了大约半个小时的样子,潘屁屁带他们回来了,边擦汗边跟大家说:"不好意思,让大家久等了,现在孩子打了退烧针,应该没有什么大问题了,咱们现在就回酒店,大家也早早休息。"

赶回酒店已经是晚上 10 点左右,我回到房间开始收拾行李,突然发现买的东西装不下,于是下楼去酒店大堂找卖行李箱的地方。刚到大堂,就发现潘屁屁拎着东西要上楼,我客套地说:"你不是家在曼谷吗?怎么也住酒店?"

她说:"孩子生病了,我就去买了些粥过来给孩子,怕晚上他醒来会饿。"

我心里不由得一动,人也是非常复杂的,这个世界上没有一个人是绝对的好人,也没有一个人是绝对的坏人。从泰国回来后,我很少再对人做绝对评判,我想每个人身体里藏着的好人和坏人会经常跑出来,我们很难说哪个就是他。

处暑

物极必反，处暑迎寒

:)

　　我不知道爱是什么，但我知道爱不是什么。爱不是占有，因为你的存在，她更能享受到自由。爱不是威胁，因为你的存在，她更能感到安全。爱不是改变，因为你的存在，她更能发现自己的美好。爱不是自我寂寞的满足，当彼此靠近时，觉得生命从此完整，不管周遭环境如何恶劣，心中都充满了静谧。

婚后遇到更喜欢的人

结婚后，你遇到更喜欢的人是一个大概率事件。

倒不是说与你先前结婚的人有多糟糕，也不是说后来出现的人有多美好，而是你可能更了解自己，更了解自己的需要了。

人的成长是有阶段性的，比如从一个懵懵懂懂的所谓屌丝，成长为一个春风得意的中产阶层，或者命再好一点，成了一个呼风唤雨的大富豪。这一路走下来，你的需求当然会改变。

在屌丝阶段，自己以为有女生看上自己，就定是祖上积德顺道祖坟冒了青烟。但后来发展到中产阶层后忽然发现，自己还是很有魅力的，开始注重穿衣品位，也开始喜欢追求各种名牌。这时候发现，其实能配上自己的该是个大家闺秀，就算不是知书达理，至少也得是落落大方。

再后来不小心成了一个大富豪，出入豪宅，参加各种名流（派对），也有时间开始寻仙问道，玩一些有品位的事情。这时候发现能配得上自己内心需求的，就算不是董小宛一样精通琴棋书画的爱人，至少也得是张爱玲这样的才女。

可是一回头，陪在身旁的还是当初那个糟糠之妻，而不幸的是，她没有继续保持成长，一直就是持家养娃，最多就是每天健身按摩。这时候你怎么办？是心猿意马然后缴械投降，还是波澜不兴进而控制得风轻云淡？

首先，这事是人之常情。也难怪很多爱情作家都不结婚，因为怕将来会对不起现在爱的人，既然明知爱情的这种宿命，干脆就不用婚姻来约束自己。很少有人一生只爱一个人，所以不必愧疚，爱一个人又不是犯罪。

其次，在婚前要考虑再三。婚礼上那些誓言，那一刻真的是发自内心，但谁也无法承诺保鲜期有多久，所以不要指望一个戒指或一份证书来保持婚姻。我觉得婚前，更了解自己才是正事。也就是说，自己到底需要怎样的一个婚姻对象：能够维持一个温馨的家，还是帮助自己打拼实现财务上的自由。

如果你不了解自己，那么你跟谁结婚都可能是错的。

再次，抛开性冲动，这玩意儿和谐虽然很重要，但按照叔本华的生命意志理论，那完全是繁殖冲动对你的绑架。要真正问自己的是，对方是否符合自己想象的期待。别跟我说一见钟情这种事情，我不信，一见钟情大都也是性冲动导致的荷尔蒙分泌失调。如果对方符合期待，牢记对方的这些优点，在准备见异思迁的时候，从心里翻出来想想。

如果你觉得自己真的不再在意对方这些优点，而且严重到双方已经完全无法沟通，选择离婚也好，离婚也是法律赋予你的权利，然后去寻找新的期待。

如果你觉得对方这些优点，依然非常珍贵，而且还是自己最在乎的，就在跟新欢投降前，悬崖勒马。否则，见一个爱一个，觉得个个都是真爱，相信我，那肯定是性器官绑架了自己的爱情观。

在今天这样的社交时代，要认识一个人何其容易，拿起手机摇一摇就可以了。

最难的是，一个人始终了解自己真正的需要。

恋爱模式

从朋友们给我的留言或邮件来分析，人类无非就面对三个话题：怎么赚钱？怎么过得更好？怎么爱？

怎么赚钱这事太复杂，我单独写一篇文章来分析。怎么过得更好包括很多问题，比如怎么读书，怎么欣赏音乐，怎么养小孩，怎么旅行……这些都是怎么过得好的话题。这个话题最多是在层次上有点差别，不懂欣赏电影，看个热闹总可以吧，很难说有品质高低之分，获得愉悦最重要。

怎么爱这事就稍微麻烦一点，人类发展了几千年，这事进步不大，几千年前大家困惑的问题，今天依然在困惑。渡边淳一也说过："自然科学是前赴后继的，但在爱情的世界里，它不可能做到前赴后继。比如说，我活到这个年龄，对爱应该有一种领悟，但我死了以后，我儿子是不可能将我的领悟作为他进一步开发自己爱情世界的基础。他还是要从青春期开始，从骚动期开始，直到成熟。"

虽然无法继承，但却有经验可以遵循。我认为爱情中的两人，恋爱模式匹配很重要，如果恋爱模式不同，即便是再好的一对恋人，一边高富帅，一边白富美，还是爱不到一起。哪怕爱到一起，也很难长久，因为模式不同。

这个模式包括三个要素，我一一道来，算是作为一个过来人对年轻人的一点建议。

排名第一的要素是对爱的理解。爱是什么？两个人是否有同样的理解？这里我们不必下一个晦涩的定义，只需要彼此交流一下就可知。比如，一方认为爱应该是没事就腻歪在一起，而另一方认为爱是两个独立的人互相依靠，这就很麻烦了。你说哪一种认知更好一点呢？我也不知道，我只能说，只要两个理解类似的人，就会很愉快。

爱，不是给别人看的，重在两个人彼此内心里的理解。给别人看的爱情，一般都不会很长久。因为你们对爱情的肯定来自别人的羡慕，你们的价值来自别人的肯定，这太不靠谱了。一旦别人说看上去没那么般配嘛，你一反思还真是，散伙就是早晚的事情了。这就是"秀恩爱，死得快"的原理。

恋爱模式里包含的第二个要素是互动的方式和频率。比如，一方觉得出门逛街应该拉着手，而另一方觉得那太丢人了，甩开手自己大踏步走，留下对方悻悻地跟在后面。这就是互动的方式出了问题。

而比如对方发了信息希望你能及时回复，你半天不吭声，回头说起你惊讶地说："这也需要回复吗？"岂不是对方握着电话心里已经百转千回。分，不分，分，不分……这就是互动的频率出了问题。

好在互动的方式和频率不是根深蒂固的，是可以磨合的。别扯什么我就这样，我们的星座就是如此，那只能说明你还没爱。两个人彼此将就一下，震荡到一个双方都能接受的频率上，这事就解决了。

恋爱模式的第三个要素是夫妻亲热的配合度。有人说，爱情的幸福度＝做爱次数－吵架次数。它会滋生出很多的表现，比如一方故意摔盘子、砸板凳的，无非就是需要一个吻和一个亲热。

论述至此，我总结一下，其实很多恋爱中的两个人不是不好，甚至彼此都长得惊天地、泣鬼神，事业都遇鬼杀鬼、遇佛杀佛，问题在于彼此的恋爱模式不同，所以终究走不到一起，走到一起也觉得走不下去。其实是对爱的理解、对互动的模式和亲热的感受差异太大，又不愿意磨合，而是摩擦，互相伤害，从而最终分道扬镳。

与其悲伤，不如记住我的这句话：

在茫茫人海中我们都在寻找另一个自己，而不是在寻找一个完美的人。

心理学如何定义爱情

每个人说起爱情,都有一套自己的理论,比如我的理论是这样的:

我不知道爱是什么,但我知道爱不是什么。爱不是占有,因为你的存在,她更能享受到自由。爱不是威胁,因为你的存在,她更能感到安全。爱不是改变,因为你的存在,她更能发现自己的美好。爱不是自我寂寞的满足,当彼此靠近时,觉得生命从此完整,不管周遭环境如何恶劣,心中都充满了静谧。

我毕竟是个文科生,对爱情的定义还是从感性的角度出发,那么心理学到底如何定义爱情呢?我们听听罗伯特·斯坦伯格教授的研究。如果你之前听过他在耶鲁大学讲的《心理学导论》,应该对他不会陌生。

根据罗伯特·斯坦伯格教授的研究,爱情被定义为三个要素的组合,这三个要素分别是:

亲密(intimacy);

激情（passion）；

承诺（commitment）。

亲密就是两个人分享秘密、彼此坦诚，而且有些话只跟对方说起，没事就腻歪在一起聊天。

激情就是性的冲动、肉体的吸引，跟对方在一起就会欲火焚身，有原始的冲动。

承诺就是用行动维系这段感情，一起创造未来，走进婚姻，相伴终老。

我尝试着把三个因素的组合画了一张表，如下：

亲密 intimacy	激情 passion	承诺 commitment	定义 definition
×	×	×	无爱（non-love）
√	×	×	喜欢（liking）
×	√	×	迷恋（infatuated）
×	×	√	空洞的爱（empty love）
√	√	×	浪漫的爱（romantic love）
√	×	√	友谊（companionate love）
×	√	√	愚昧的爱（fatuous love）
√	√	√	真爱（real love）

如上表所示，可以把关系组合成八种情况。

第一种情况，没有秘密可以分享，也没有激情，也没有承诺，这就是匆匆过客，萍水相逢，啥都谈不上。这就是无爱，很多人跟自己应该都是无爱，这个世界上不是每个人都要跟自己发生关系的，大部分人都是你好、我好、大家好，逢场作戏，然后握手再见。

第二种情况，喜欢分享秘密，但没有性冲动，也不对未来的关系持久有承诺，这就仅仅是喜欢。好朋友也可以是这种情况，能跟你在一起说说话就很棒。我们说的红颜知己，或者蓝颜知己都是这种情况。遇到烦心事，打个电话就出来坐坐，聊完各回各家。

第三种情况，彼此不分享秘密，也不对未来有承诺，但是在一起非常有激情，见了面买一堆零食，然后开始亲热，饿了吃，吃了亲热。想想也是怪累的，这叫迷恋式爱情，一见就钟情，三天就结婚，往往一段爱情的开始阶段都是这个状态。

第四种情况，不跟对方分享秘密，也不亲热，只是对彼此有承诺，这叫空洞的爱。或许是因为家庭，或许是因为孩子，或许是因为声誉，但是"一不做二不休"，就这么耗着。好像很多貌合神离的婚姻都是这种情况，想想都好可悲。

第五种情况，彼此分享秘密，也对彼此的身体非常迷恋，但不对未来有承诺，就是不谈结婚这种事情，这叫浪漫的爱。我遇到过一些这样的朋友，同居多年，关系也好得很，出门走两步都还要亲吻的那种，但就是不结婚。或许是因为觉得结婚会背负太多的压力吧，或许就是单纯不喜欢丈母娘吧，谁知道呢。

第六种情况，彼此分享秘密，也对未来有承诺，要好好在一起，但是彼此没有激情，这是友谊。其实我觉得两口子日子过久了，差不多都是这样吧。在一起就像左手摸右手，一点感觉都没有。但是还有话可以说，还有婚姻要维系。呃，柏拉图式的爱情应该是这种吧。

第七种情况,彼此没多少话可以说,但可以嘿咻,也可以结婚。这叫愚昧的爱。我想也是啊,两个人没什么话可以说,仅仅是因为可以嘿咻而结婚,很容易出轨的吧?爱情很重要的在于可以彼此理解。张小娴就曾说:"遇到爱遇到性都不是稀罕事,稀罕的是遇到理解。"

第八种情况,有很多话可以说,也可以嘿咻,也对未来有承诺。嗯,这算是真爱了。这好像没啥好解释的,遇到这样的情况,你就结婚吧。

分析完了,我还贴心地做了一个空白的表,你可以自己填写一下,看看你周围的人都属于哪个格子,然后你就知道该如何处理这种关系了。

亲密 intimacy	激情 passion	承诺 commitment	定义 definition	名字
×	×	×	无爱	
√	×	×	喜欢	
×	√	×	迷恋	
×	×	√	空洞的爱	
√	√	×	浪漫的爱	
√	×	√	友谊	
×	√	√	愚昧的爱	
√	√	√	真爱	

处暑

白露

阴气渐重，幽径多蹊

　　每个人生活都不容易，都有不如意的地方，只是有人有一点痛就龇牙咧嘴唯恐天下不惊，有人闷头咬着牙前行。不必夸大自己的痛苦来感动自己，在正经历更大痛苦的人眼里这是矫情。秋风虽起，依然在寒若冰霜的伤口上笑靥如花，迎风而行。

你那点事，有什么好说的

很多人遇到愤怒的事情，或者遭遇了不公，兵荒马乱的第一个念头往往是找人倾诉，他对不起我，他变态，这事我是多么冤枉，我是多么可怜，就差拿盒火柴躲在墙角装小女孩了。

很多人觉得发生在自己身上的事，就是天大的事儿，觉得全世界的目光都该聚焦在自己身上，更别说朋友了，他们应该马上放下手头的事情来帮自己。只要别人耽搁一会，都觉得不够关心自己。

其实，这年头大家都不容易，都有家要养，有班要加，有自己难念的一本经。你那点事，相较于别人的遭遇来说，可能根本就不叫事。

事过境迁，自己已经风平浪静，却发现当初自己急于倾诉的事情，已经成为圈子里茶余饭后嘲笑你的谈资。岁数越大越开始明白一个道理，很多事情都是因为自己大惊小怪，才让它失去控制的。

我们每天面对的事情，大致可以分为三类。

第一类事情是不能告诉别人的，特别是自己本身就做错了的事情。比如，我一个朋友因为挪用公款被开除了，这种事情你当然或许有自己委屈的部分，但打死都不能主动告诉别人，只能憋着。

因为每个人生活都不容易，都有不如意的地方，只是有人有一点痛就龇牙咧嘴唯恐天下不惊，有人闷头咬着牙前行。不必夸大自己的痛苦来感动自己，在正经历更大痛苦的人眼里这是矫情。秋风虽起，依然在寒若冰霜的伤口上笑靥如花，迎风而行。

这类事情如果需要自我处理，可以借鉴心理学里的 PRP 模型，这个模型分三步来分析问题：

全然接受（permission）：接受自己的情绪，不管好的还是不好的，如有必要写出来。

认知重建（reconstructing）：把对一个事件的解释从负面转变成正面，看会带来哪些有价值的影响。

全局展望（perspective）：以更广阔、更有前瞻性的视角来看待眼前的情形，一年后我如何看待这个情形。

第二类事情是可以告诉别人，但别人根本帮不上的事情。比如，你生病了，那你去挂吊瓶就好了，最多就是发个朋友圈告诉大家，你自己没有放弃治疗，大家来给你点个赞，仅此而已。告诉了别人，你该受的罪继续受，别人的日子也照样过。但这类事情告诉别人的好处，就是可以满足自己的矫情。

第三类事情是可以告诉别人，别人也可以帮上的。这类事情就要去找到那个能帮得上的人，该请客请客，该托关系托关系，该走法院走法院，然后定点精准跟踪。

白露

所谓情商高，无非就是在遇到事情后，分清楚上述三类，然后选择态度处理而已。你唯独没必要做的事情，就是准备轰轰烈烈地架个大喇叭告诉全世界：我遇到事了。

因为无论什么事，发生了就发生了，肠子悔青了也发生了，抓狂、焦虑、悔恨、尴尬，不管何种情绪，事情都已经发生了。不必把自己看得那么重，没人那么在乎你的，一想或许就通了，自己认为天大的事，在别人眼中或许根本不值一提，其实放不下的只是自己。

发生了，接受；接下来，面对；自己勇敢面对了，也就成长了。

人性中最容易犯贱的地方

我跟老婆是网恋，很多人都觉得很神奇，而且这事发生在十多年前，说明叔玩得是多么先进。

事情是这样的：

那个年代还是玩 BBS（论坛）的时候，在同一个论坛，我老婆跟我一样有才华，嗯，夸老婆我从来不要脸。当时，谁都看不上谁，觉得对方的观点简直错误百出。所以，她经常发文攻击我，我当然也经常发文鞭挞她。一来二去，论坛就分成了两派，一派支持她，一派支持我。

整整一年，论坛陷入了两派的混战，各自的支持者也是老死不相往来。我经常梦里化身奥特曼，把她撕了千万遍。

有一天，我发表了一篇文章，大致是说，我觉得长得好看的人，大多是平和的，因为不缺关爱，所以比长得丑的人更善意，因为长得丑的人缺乏关注，反而很容易变得乖张、尖酸、刻薄。

万万没想到，她竟然同意这个观点，而且她拿自己举例，说自己就属于前者，所以自己很善意。

我的天哪！她竟然不骂我！

这搞得我手足无措。我问她："你不骂我，让我怎么骂你？"

她说："其实你也有不少优点，比如这个那个。"

那一刻，我觉得，爱情发生了。

多少人支持我，我不在意，但一个讨厌我的人，忽然喜欢我，我反而很在乎。正如你们期待的那样，后来我们结婚了，有了儿子。现在想起来，依然觉得神奇无比。

我有两个朋友。

一个朋友我一直对他很好，需要什么我帮忙的我都尽力，孩子生病我帮着找医院，他找工作我帮着推荐，当然这一切都不是因为他老婆长得好看，而是因为我真心想帮忙。但有一次，他孩子入学想进个好点的学校，于是找到我。这事我找了不少人，还是无果而终，他忽然就不跟我来往了。

还有一个朋友，我不是特别认同他的一些做法，因为我觉得他很多事情做得挺逗、挺幼稚的，所以每次他找我帮忙什么的，我都不冷不热，嘴上答应但从未出手相助。直到有一次，他要出本书，我就把自己熟悉的几个在出版社工作的朋友介绍给了他，从此他见谁都说我是个好人，把我当莫逆之交。

这两个朋友的事情给了我很大的启发，试想，一个朋友自己一直帮忙，偶尔有次没帮到，就对我怀恨在心地绝交。一个朋友一直不冷不热，很少帮忙，自己偶尔有次帮到他，他就感恩戴德说我是绝顶好人。

人性是很复杂的，也是很犯贱的。

很多时候最恨你的是你一直讨好偶尔得罪的。

最感恩你的是你一直冷落偶尔善待的。

夫妻也是如此。

两口子,你一直做家务,偶尔有天没做,对方就觉得你怎么这么不注意家庭卫生。因为你一直做,这就成了你的义务,你不做,你就不是一个称职的爱人(清洁工)。

再比如,两口子相处个几十年,偶尔一次睡前自己很想倾诉某件事,但对方说工作了一天好累,翻身睡去。你就会觉得对方怎么这么不懂自己,心生怨恨。

隔天自己跟一个姑娘一起吃饭,自己滔滔不绝地说着昨天没有倾诉的事情,对方眨着眼睛,托着下巴微笑地看着你,随着你的情绪波动,她或惋惜或赞叹或点头。就在说着说着的那一刹那,你觉得爱情发生了。

爱人多少年对你好,偶尔一次没做到,你觉得,爱没了。

外人多少年没有你,偶尔一次在乎你,你觉得,爱来了。

人性很复杂,其实也很简单。

每个人都会对生活中习以为常的事不在乎,却对突如其来的事情很敏感。因为习以为常,所以觉得是想当然。因为突如其来,所以特别印象深刻。

谈恋爱,可以利用这个心理来赢得对方的关注。

做朋友,要常怀感恩之心,不要说滴水之恩涌泉相报,能做到将别人的滴水之恩,始终牢记于心已属难得。别人帮得上,感恩。

别人帮不上,也不必记恨。毕竟帮你,又不是人家的义务。

家庭相处,不要只在乎外人对自己的好,多看看家里那位对你和这个家一直的付出,或许就是你最不在乎的那些事,对方却任劳任怨付出了多少年。

觉得别人晒，可能是自己缺

网上特别流行一句话：别人晒什么，就是缺什么。

而这件事残酷的真相却是：我们觉得别人在晒什么，经常就是我们缺什么。

我刚工作那会儿，每个月领着400元工资，每天最奢侈的事情就是早上买份报纸，然后在办公室里给大家轮番传阅，那感觉就像自己是上帝，仿佛他们读的不是报纸，而是我的施舍。

结果偶然听到，同一个办公室的小姑娘说自己每天的早餐是肯德基，我的世界立刻就崩塌了。这种崩塌事故立刻转变成了自卑，自卑立刻进化成了鄙视，觉得不可能，每天早上吃肯德基，那她得多有钱呢！

我吃不起，她吃得起，我就觉得她在晒，她在显摆，她在吹牛。

她拥有我无法企及的生活，那不是晒是什么？后来才知道，人家是富二代，每天早上吃肯德基是最稀松不过的事情，这对她来讲算是平常事一件。

后来我在论坛上遇到一件类似的事情，一个人发帖子说自己本来要去买奔驰，结果路过保时捷店瞄了一眼，就顺手买了一辆911。最招人恨的，莫过于"顺手"这两个字，我能顺手做的事情，就是去菜市场买水果，顺手买了几头蒜，他竟然能顺手买辆911。果不其然，帖子下面全是骂他吹牛的人。

后来，人家晒了一下家里的车才知道，911对他来说，确实是顺手。因为他确实家境富裕。

因为自己没有，所以才会在意。

试想，如果我也经常顺手买911，那绝对不会觉得他说这个话是晒。因为我没有这个能力，没有这样的生活场景，想象不出那是怎样一种随意，就会认定这是晒。其实，人家顺手买辆911，跟我顺手买几头蒜，没什么太大区别。

买iPhone现在对有些人来说也跟买头蒜没什么区别，但对于需要卖肾买iPhone的人来说就是显摆，何止是显摆，简直就是晒肾。

带着这个思路再去看看你的朋友圈。

如果你单身，别人在朋友圈里发跟另一半吃饭的照片，那就是晒幸福。但是对他们来说，那是稀松平常的一件事。因为你缺少这种幸福，就会觉得对方在晒幸福。

如果自己没法出门旅行，看到别人在发旅行的照片，那就是晒旅游。但对方不过就是想记录下旅游的过程和体会，这对于你一个每天只能加班的人来说，当然是晒。

自己如果没有孩子，看到别人总发孩子的事情，那就是在晒娃。但那是对方作为父母，最自然的情感表达。这对于你一个单身狗来说，简直就是在晒——嘿嘿嘿，嘿嘿嘿无聊了，顺道产了个娃。

自己如果其貌不扬，看到别人发自拍，就觉得那是在炫耀。但你有没有想过，往往这些人就是美女或帅哥这个事实。其实，人家就是随便拍了一下而已，你就假想对方美图秀秀了千万遍。那些丑半球的人，就觉得帅半球的人都在晒，却忘记了人家本来就帅这个事实，就好比有人总觉得我自拍是在晒帅，但他总忘记和我之间差着百八十里这个事实。

自己没有房子，看到别人家新房装修，就觉得那是在显摆，但人家仅仅就是想记录下装修的过程而已。

所以说，不要在苍蝇面前拉屎，因为对于它来说，它会觉得你是在炫富。

所以我们在想评价别人"晒"的行为时，要先学会反思一下自己，是不是因为自己没有别人的条件，才会觉得别人在"晒"。如果是，要发奋图强，不能学阿Q，自己意淫着别人的心理状态，然后在别人评论里委婉地留下刻薄的话。

看到别人的生活，能理解。

反思自己的生活，能自省。

哪怕别人真的在晒，我们也觉得是稀松平常之事，这才是高境界。

秋分

秋风乍起，息声问道

☺

  我对秋天的美有一种特别的迷恋。看见黄叶遍地不感悲伤，而是一种历经辉煌后的沉寂。看见枯草连天不感惋惜，而是一种历经喧闹后的平静。看见寒霜浮水不感荒凉，而是一种历经热捧之后的沉思。

  四季若无秋天便残缺收获，生命若缺少秋天便远离成熟。

  我爱这个秋。

秋天，我迷失于一片竹林

秋天徘徊于重庆缙云山六日，偶有所思，遂散记如下。

去之前，我在想，去探险，拼的或许不是胆量，而是豪放；去修禅，修的或许根本不是佛道，而是内心的平静。

我对秋天的美有一种特别的迷恋。看见黄叶遍地不感悲伤，而是一种历经辉煌后的沉寂。看见枯草连天不感惋惜，而是一种历经喧闹后的平静。看见寒霜浮水不感荒凉，而是一种历经热捧之后的沉思。

四季若无秋天便残缺收获，生命若缺少秋天便远离成熟。

我爱这个秋。

第一天

我观察四周，所谓名表、名车、名气这里都没人羡慕，因为这里几乎没有人，门口有两只狗对我翻了翻白眼，都懒得朝我叫唤，所有世俗的评价在这里都失效了。

这种悲催的环境，逼得我开始跟内心对话，开始跟竹子交谈，开始跟花花草草交流，以让自己不要迷失在这苍茫的林海中。

我开始屏住呼吸，倾听周围的声音。有鸟的鸣叫，有小溪流淌，有风的呼啸，树也自有声音，树叶哗啦啦地交流着。再细听，树叶上的水滴落在草上噗噗作响，时间从身边经过贼贼地作笑。自己的心跳、呼吸振动着空气也参与了这部乐章，在它们眼里我或许也是个奇怪的生物。

晚上的山顶温度骤降，隐约间听着下起雨来，在空寂的地方，配合着雨滴噼里啪啦敲打树叶的声音，头一次感觉如此清晰而有力，遂爬起来靠着窗子等聂小倩。

雨打竹林深秋泪，雾锁翠松初冬寒。山里终日云雾缭绕，乃不知魏晋。于是，掌灯拭案，盘腿问禅。

红尘如烟终有散，名利如水未有闲。抬手抚云空无物，转身顷刻悟佛缘。何是有，何是无？拿起是有，放下是无；执着是有，看淡是无；爱恨是有，宽恕是无。

你若了解此中道，身在山脚，心已然在山巅。

第二天

我开始探索更远处的竹林，行于路上，不着急赶路，心境就忽然平静而喜悦。因为此刻，前方没有目的地，时间便也显得没有意义,走得快点、走得慢点也没有丁点区别。

这竹子呀、松树呀随一粒种子落地生根,一辈子也不挪动个地方,没准活个几百上千年,因为它们符合了自然规律,春生、夏长、秋收、冬藏,按部就班,不温不火。

一旦开始慢下来,人就能平静下来。于是,就没了焦虑,没了忧虑,没有纠结,也没有失落。若这山水就是旁人,我行我走与尔何干,或许这就是"此刻就是永恒,此刻就是意义"。

抬头看去,枝条在浓雾中若水墨线条,错落有致。浓雾虽然遮盖了万物的光辉,但你处世得当,依然可以让它成为你的背景。

年少时喜欢看地,唯恐藤蔓绊脚。

年长后喜欢观天,感叹天道变幻。

所谓天道即心道,你悟到多少是多少。有人参悟一生未开窍,有人顷刻之间知玄妙。不禁想起王阳明,对着竹子格啊格,最后格出了病。后来被发配去了龙场,躺在石头棺材里,忽然大喝一声:"我悟透了。"时间累积到某个时刻,定会升华。

第三天

我来到一个叫舍身崖的地方,据传很多人在此自杀。我伫立许久,感无数生命从此处跃下之情形,他们或许在那一刻见到了人生最美的风景。

何为生?何为死?不过转化了物质的存在体征。枯草俯身待春季，残花落地即为泥。

当你悟透，生又何必？死又何惧？生生死死，都是空寂。

这是斯宾诺莎的观点，如果这世界是一个整体，也就是实体，任何的局部变动都不会影响整体的和谐，哪怕是一个生命结束，物质也会转换为其他存在，那么何惧生死呢？

第四天

我找了一条很少有人走过的路，被一条条的藤萝枝条挡住了去路，于是不得不弯腰低头钻过去。

昂首阔步，越过高山的豪迈，当然令人神往，俯身低头，穿过横蔓树丛，也是一份豪放。因为心中有山巅，所以对万物心怀卑谦。当你踩在它们身上，抚在它们背上，没必要把它们砍断。每一步湿滑台阶都是你的历练，每一条拦路枯枝都是你的修炼。

或许成熟不是冷对万物，而是始终心怀温暖。

第五天

我盯着路上的落叶看了一天，想落叶真是伟大。

破茧在春，只为陪伴你的成长。

浓绿在夏，只为欣赏你的辉煌。

摇曳在秋，只为装点你的梦想。

落地在冬，只为化身你的土壤。

某天，你可能会把我遗忘，但我的一生情愿为你痴狂。

这是何等伟大品格和痴情的爱。

第六天

我在想，我为何在意这美景、这环境？若一切为空，眼见又何必在意？耳闻又何必在意？睹物生欢心之心，仍被物役。

念至此乃大悟。幡动风动皆心动，心动也是一场空。

林间有路大步走，无路何曾是囚笼。

在世外静心如果太过于依赖环境，反被物役，真正的修禅不管何处何方，都能洞悉自己的内心，看透周围的环境，并进行最恰当的互动。

人在哪儿，道场就在哪儿。如果修禅一味闭关逃避，那落入红尘依然是个悲剧。很多事情何必刻意，很多环境何必在意，心便不被形役。

于是，我迈步下山。

山上少了一位得道高人，山下多了一个琢磨先生。

因为我放不下，我爱的人。

琢磨先生下山游吟着那个经典故事：

我走过山时，山不说话，
我路过海时，海不说话，
小毛驴滴滴答答，
倚天剑伴我走天涯。
大家都说我因为爱着杨过大侠，
才在峨眉山上出了家，
其实我只是爱上了峨眉山上的云和霞，
像极了十六岁那年的烟花。

星座靠谱吗？

我不信星座，因为我是水瓶座。我们水瓶座的人，都不信星座。

你们知道我为什么不信星座吗？我有个好朋友在微博上有个星座的账号，上次我去他家做客，他说你等会我先发条微博，于是他打开自己电脑里的一个软件，叫星座生成器。他写了个标题——下周桃花运指数星座排名，然后随便勾几个，比如白羊座第一、金牛座第二——当然金牛座肯定不可能在桃花运上排第二了，水瓶座第三。一点自动生成一条微博，然后发到微博上，五分钟竟然有一万多人转，转的人还都说："准！准！准！"

准个大头鬼啊！

我跟那个朋友说："你干的是上帝干的活啊。"

他说："上帝怎么可能干得了我这个活啊？我写这些东西从来不经过大脑的。"

我说："那星座有什么用呢？"

他说："很多人之所以信星座，是因为可以从中发现自己的很多优点和别人的很多缺点。"

而且星座是见面聊天拉近距离的最快方式，一见面总不能就问："你想去优衣库吗？"但是可以问："你觉得去优衣库拍摄作品的人会是什么星座？"前面那样聊天的是流氓，后面那样聊天的叫懂星座的流氓，但后面明显显得格调高一些。

我听了以后大受启发，回来我就开始自学星座，自认为已经差不多博士毕业的水平了。不信，我说说你们看准不准。如果不准，肯定是你们搞错了自己的星座。

比如我们节目演播室里，如果突然手机铃声响了，肯定是射手座的人，这么粗心的事别的星座的人干不出来。双子座的人会立刻编一个段子发到微博上，说琢磨先生前女友大闹节目录制现场。这跟手机铃声有什么关系？双子座的人才不管这个，先编了，过个瘾再说。

狮子座的人会大吼一声："谁的手机？不想混了？保安呢？还有没有人管了？"喊完就在旁边看着。

白羊座的人一般会拎着一个凳子就冲上去，不管三七二十一先暴打他一顿，然后心平气和地问他："你手机为什么响了？"

这时双鱼座的人吓得哇哇大哭，巨蟹座的人则抱住双鱼座的人说："不要怕，有我呢，一会儿带你回家给你做好吃的。"

说完巨蟹座的人定睛一看发现抱错人了，抱的是别人家媳妇。

天秤座的人忙着劝解："不要打架，他可能忘记调成静音了呢。哦，被打了啊，没关系了，谁没被打过啊。"

处女座的人远远躲开，绝望地说："刚才那个手机铃声为什么要用《小苹果》，而且有一个音明显跑调了。"

我们水瓶座的人此时正在伴着手机铃声边脱衣服边翩翩起舞。

金牛座的人则拿计算器在算,打坏了的凳子大约值多少钱。

摩羯座的人则无聊地东张西望,而且特别奇怪这都能打起来,为什么不十年后去砸他家玻璃。

天蝎座的人悄悄地绕到电话响的人背后,捅了一刀。我特别奇怪天蝎座的人为什么要这么做,为什么只捅了一刀。

你认同上面这些反应吗?认同你就傻了,因为根本是我胡编的。

我曾经看过一篇文章,大意是信星座的人一般是遇到了问题的人,而星座是一种非常便利的解决问题的工具。自己被人欺负了,可以说自己这周运势不佳。由此看来,信星座也没什么不好,因为这种心理安慰比找心理咨询师要方便多了,瞬间就可以治愈。

晚上我老婆跟我嚷嚷:"你们水瓶座的人就是对钱没一点感觉,都什么时候了还炒股!"

我说:"我们水瓶座的人就这样啊。"

老婆说:"唉,也是,谁让你是水瓶座呢。"

好像矛盾立刻就化解了,所以你看星座可以很好地处理生活中的矛盾。有人信佛教,有人信琢磨,有人信星座,无可厚非,开心就好。只是,不要用星座来指导人生,或者对自己的缺点听之任之。人生有无限可能,不要被星座扣上帽子就听天由命。自己有问题就要改正,不要拿星座来做挡箭牌耍流氓。

最后再说一句:水瓶座是世界上最完美的星座。

算卦准不准

历史上关于算卦这类事情，记录在《左传》里的最多，虽然《左传》也非正史，但总比什么《推背图》靠谱。其中，在《左传·僖公·僖公四年》中有这么一段记载：

初，晋献公欲以骊姬为夫人，卜之，不吉；筮之，吉。公曰："从筮。"卜人曰："筮短龟长，不如从长。且其繇曰：'专之渝，攘公之羭。一薰一莸，十年尚犹有臭。'必不可。"弗听，立之。

意思是说，一开始晋献公想立骊姬为夫人，类似于后来历史上的正宫，那到底要不要立呢？卜一卦，这就类似于咱们现在这个项目上不上呢，开个会做个可行性分析一样。那开会的结果呢？我们接着看。

卜之，不吉；筮之，吉。

这两句非常有意思，卜，是早于蓍草之前的占卜方法，也可以说是殷周之前，大部分卜都是抓只乌龟，因为古人相信"天圆地方"之说，而龟背上有圆甲，四脚方正，具备天地之象，所以你看长相真的是决定命运，乌龟背个壳招谁惹谁了？

然后取龟腹部的甲在火上灼烧，上面会出现很多的纹理，这个就是"上天垂象"，古人就是利用这个所谓兆象的不同来推断事情的吉凶。

但是，这种做法非常容易作弊，比如我是负责占卜的官员，我知道领导想出征，就在龟甲上做手脚，来讨领导的欢心，当然领导也是知道此中奥妙的。所以，我个人认为，这种占卜的方法，象征意义远大于它的实际意义，作为团结民心之用实在有效得很。

严格来说，卜和筮不是一回事，因为卜的成本太高了，还要抓乌龟，那是乌龟最悲惨的年代。后来改用牛骨，但是随着农业社会兴起，牛负重致远、引车耐力，所以周文王进行了变通。

周文王被纣王囚起来，可能也是抓不到乌龟，于是拿蓍草来占卜，这就是我们所说的"筮术"。所以，蓍草的身价是周文王一手提起来的。什么是蓍草？《辞海》里解释：

> 蓍，植物名，菊科，多年生直立草本，叶互生，长线状披针形，篦状羽裂，裂片有锐锯齿，头状花序多数密集于枝顶成复伞房花丛，夏秋间开白色花。古人筮用的蓍草茎，因亦以为占卦的代称。

我想蓍草取代龟甲与牛骨有几个原因：

蓍草冬季不会枯死，所以随取随用；

蓍有枝条长而坚韧的茎，"因乎自然，不假人之修治理"，正好用于筮策；

蓍草丛生，一株数十茎，找五十根更方便、快捷。

我们知道了卜和筮的发展历史后，再回到刚才晋献公的难题，用这两种方法占卜的结果竟然截然相反。用龟甲占卜的结果是不吉利，用蓍草筮出的结果是吉利，真是个矛盾的事情。

当一件事物出现两种截然不同的判断时，领导的意见就至关重要了。晋献公非常果断地说："应该听筮的结果！"

为什么呢？吉呗。

卜筮的官员反对说："筮术发展的时间太短，而烤乌龟有这么久的历史了，所以从准确性上来说，不如听乌龟的。而且，占卜的暗示是，过分地宠爱会夺走您的太子申生，香的、臭的放到一起，十年后还会有臭气，所以万万不可！"

晋献公一听很有道理，但是仍然义无反顾地立了骊姬为夫人。因为，你占筮官的意见跟我的喜好比起来，算个屁啊。

后来的结果呢？《左传》记载：

> 生奚齐，其娣生卓子。及将立奚齐，既与中大夫成谋。姬谓大子曰："君梦齐姜，必速祭之！"大子祭于曲沃，归胙于公。公田，姬置诸宫六日。公至，毒而献之。公祭之地，地坟；与犬，犬毙；与小臣，小臣亦毙。姬泣曰："贼由大子。"

大子奔新城。公杀其傅杜原款。

或谓大子："子辞，君必辩焉。"大子曰："君非姬氏，居不安，食不饱。我辞，姬必有罪。君老矣，吾又不乐。"曰："子其行乎？"大子曰："君实不察其罪，被此名也以出，人谁纳我？"十二月戊申，缢于新城。姬遂谮二公子曰："皆知之。"重耳奔蒲，夷吾奔屈。

解释一下，后来，骊姬生了个儿子叫奚齐，她妹妹给晋献公生了个儿子叫卓子。乖乖不得了，两姐妹分别为大王生下一个儿子，而且更重要的是，他们的母亲都被大王所宠爱，但这时候已经有了个储君，叫申生。于是，悲剧就这样戏剧般地发生了。

骊姬想立自己的宝贝儿子奚齐做太子，于是跟中大夫合谋，后宫想要政变或叛乱一定要拉拢重臣，或皇帝倚重的太监，否则叛乱很难成功，这是我看宫廷剧得出的一个很重要的结论。

于是骊姬首先假装对太子申生说："大王梦到了你妈，你要赶紧去祭拜一下了。"申生当然立刻前往，妈妈都托梦于父亲了，马虎不得，然后回来的时候带回了祭祀用的酒肉。

这个礼节应该不难理解，带回祭祀的酒肉也是对父亲的敬重，我都依稀记得小时候过春节时，要先把饺子上供给各路神仙，然后祭拜完毕，再每人分一点"神仙剩"，据说这样可以沾点福气。

可惜可惜，大王出城了，事情总是这么巧合，谁安排的？你猜。

骊姬把酒肉放在宫中，等待晋献公回来，当然中间还放了少许佐料，类似于三聚氰胺之类的。晋献公回来一看，啊呀，好东西，沾福气呀,直夸申生这孩子懂事,于是大大地拜祭了一番,这里,骊姬面临两个选择。

一是晋献公如果真吃,死了怎么办?估计那个中大夫就要出来,然后义正词严地分析申生的罪孽,然后申生云里雾里地下台,前提是骊姬和中大夫要有相当的权力,包括说话的权力和军事权力。这是步险招,意外太多,最保险的是先借晋献公之手除掉申生,然后再培养自己的儿子奚齐,然后嘛,再找机会看要不要除掉晋献公。乖乖,我自己都后背发凉,女人一旦吃醋或争起权力来,除了自己儿子谁都不认,当然也有连儿子都不认的,比如武则天。

于是骊姬选择了第二种方式,晋献公刚把胙肉(祭祀用的肉)拿起来,骊姬就眼光敏锐地说:"大王,我怎么觉得有问题呀?"于是晋献公给狗吃,狗死了,给一个小臣吃,小臣也死了,这个小臣倒霉透顶了。

估计晋献公当时就吓傻了。这时,骊姬哭着说:"这可是申生带回来的呀。"

那么这话晋献公信吗?

按照常理这话应该不信,申生已经是法定继承人,没有作案的动机呀,就是想早日即位,怎么能用这么愚蠢的方法呢?可是在有心计的美女面前,男人们忽然都没了判断力。申生听到这事惊慌失措,跑去新城避难,晋献公就杀了他老师杜原款,看来有罪杀老师是从这里开始的。

有人就劝申生:"你为自己辩解下,大王肯定会追查到底的。"申生说:"如果我辩解了,骊姬获罪,大王吃不好睡不好,我会有好事吗？如果大王没发现她的罪孽，那我背负弑父之名，谁能收留我，我死了算了。"于是，十二月吊死在新城。这真是个孝顺孩子，愚蠢的孝顺那种。

再后来，晋献公死了没多久，他宠爱的骊姬的儿子奚齐和骊姬的妹妹的儿子卓子，统统被大臣们整死了。于是，秦穆公送回了夷吾（也就是晋惠公）做晋国的国君，隔壁老秦是好人。晋惠公死后，秦穆公又给晋国输送了一个大王，就是重耳，这个人你们该认识吧？几十年后，就是著名的春秋五霸中的晋文公。反正，就没骊姬她们姐妹什么事了。

到此，晋献公和骊姬的如意算盘基本告终，还不如当初听乌龟壳的呢。

最后，我来解答一下算卦这事靠不靠谱。

很明确地告诉你，不靠谱。那占卜的意义在哪里？古代是赢得人心，现在是心理按摩。古人说，一命二运三风水四努力五读书。命，也就是你的八字，按古人说法虽然很重要，但运气可以影响命，风水也可以影响命，努力也可以影响命，再不济，读书也可以影响命。

这就是人丑就要多读书的道理啊。

寒露

寒气凝结，精灵出没

一个不能安静下来的人，就无法跟心灵对话，当然也无法感受到灵魂的慰藉。两个在一起不能安静下来的人，无法感受到静默的魅力，自然也无法得到心与心沟通的幸福体验。一群无法安静下来的人，无法倾听与彼此了解，自然无法洞察真正的问题所在，不过是口舌之快、肉体的狂欢。

安静，是一种修养，更是一种能力。

灵感捕手

我出差的时间多，于是给自己找了一个趣味游戏，就是捕捉自己的灵感。比如，走在街上突然有一丝情感袭上心头，我就停下来，努力集中精力在这丝微弱的情感上，然后用文字把它描述出来。这丝情感稍纵即逝，经常是来不及用文字来描述就无影无踪。

最讨厌的是，在洗澡的时候出现了某种灵感，但是必须洗完才能去写出来，于是加快进度裹上毛巾坐在电脑前，结果却又无从写起，灵感就这么跑得干干净净，于是……我经常是再回去洗一次澡把这灵感找回来。

比如，某天我在一个公交站台，突然捕捉到这么一段：

我特别喜欢一种孤独的感觉，看秋雨飘落，枯叶飞散，路人匆匆闪过窗边，霓虹灯发出冷艳的光。自己依偎在公交车站的广告牌上，任由一种孤单的酸痛慢慢袭上心头。一座陌生的城市，没有一个认识的人，没有爱，亦没有恨，以往的种种如电影胶片般投射在路灯的耀斑里，一阵风吹过，丝毫不留。

又比如，在某个下午我捕捉到这么一段：

　　秋天的下午，找一块草地，跟心爱的人躺在银杏树下，暖暖的阳光穿透金黄色的叶子滴在脸上，时光蹑手蹑脚地从身上蹦过。以往所有的挫折都在此刻得到补偿，风景不需要你的任何回报，只需要你在心里最柔软的地方珍藏。当未来的某一天你记起此时的停滞，幸福的味道总是瞬间爬满整个脸庞。

在南京高铁站去酒店的路上，细雨纷纷，望着窗外的路灯，精灵再次出现：

　　夜赴金陵，大雨滂沱，雨水打湿了车窗，车窗晕染了窗外的路灯，美美的如同绽放的烟花。我美滋滋地坐在车里，看烟火在窗外起起伏伏，想着秦淮河上的缘起缘灭，夜行如风。

在去武汉的高铁上，忽然有感而发：

　　乘上动车赴武汉，端杯水靠近窗边，就算是靠近整个秋天。看天高云淡，看枯草连天。朋友终有离散，生命亦有循环。金钱无数宅数千，奈何你也带不过那鬼门关。爱情即使如罂粟般璀璨，也未必熬得过这个冬天。钱多多花，钱少少花，有爱珍惜，爱散随缘，举目远眺，大事小事，都不过是一瞬间。

有时候，走在街头灵感也会出现，我也捕捉到了一段：

  有那么一刹那，你站在某个街头，华灯初上，路边的小店发出冷艳的光。车来车往，人来人去，你就站在那里，看着时间从眼前闪过，你仿佛置身事外，跟这个世界没有任何交集。一阵寒风吹过，你打个寒战意识到自己，而后把手插在口袋里，微笑着融入这个城市，融入那一片灯红酒绿。

每一次玩这个游戏就像是跟心灵的一次对话，用文字表达后觉得无比舒畅，身体里的声音仿佛在说：你真的很了解我。
  这种灵感就像是冰封在自己内心的小精灵，只有在你不设防时，它们才会出现。这竟然是捕捉小精灵的游戏，想想实在是太酷了。

嗑瓜子

我觉得我们可能是世界上最喜欢嗑瓜子的民族。

去朋友家做客,她端了一碟瓜子出来说:"边吃边聊。"于是,我们在一片咔嚓咔嚓的声音中聊了起来。我们一边嗑开瓜子壳,一边吐出瓜子皮,一边聊着国际时事,谈笑间,瓜子壳飞子灭,觉得心灵和口舌都得到了巨大满足。

不仅朋友间聚会喜欢嗑瓜子,旅行中嗑瓜子也是美事一桩。有一次,我跟团去台湾,从落地台北开始,旅行团的人就开始嗑瓜子,跟变戏法一样不知从哪里掏出瓜子,娴熟地扔进嘴里,咔嘣一声,瓜子壳应声被咬开,然后噗一声瓜子壳被吐得不知所终,瓜子仁在齿间咀嚼几下,随着喉咙咕噜一声,落入肚中,嗑瓜子的人带着非常满足的表情继续将下一粒瓜子放入牙齿中间。

有时他们看我在旁边怔怔地看着,就热情地抓一把过来塞在我手里说:"来,一起嗑点瓜子,闲着也是闲着。"

我正看得茫然,随口应道:"不好意思,我不会。"

那人跟见了鬼一样说:"不会嗑瓜子,你还会做什么?"

边说边狠狠吐出一个瓜子壳，那瓜子壳随风飘去，而那人的表情仿佛跟吐出我一样解恨。

他悻悻地走回去，跟那群人小声说："那小伙子不实在，连瓜子都不嗑。"其他人纷纷摇头，意思就是，孺子不可教也，更非同道中人。于是，一路上我就被冷落在了一边。

甚至开会的时候我们也喜欢嗑瓜子。某次公司开项目启动会，老板说："来点瓜子呀，否则一点儿创意都没有。"于是，秘书从旁边柜子里拿出一包瓜子，老板在桌子中间摊开说："来，边嗑边说。"

于是满屋子里热烈的讨论声跟嗑瓜子的声音此起彼伏，好不热闹。开会结束，老板说，这次会议开得真成功，内容非常充实，仿佛那些瓜子填补了所有空白的时间。

我终于想明白了，嗑瓜子原来是用来填补时间的。因为聊天会有间断的无言，旅行会有时时的等待，开会也会有思考的空间，那么嗑瓜子就可以用来见缝插针，让你觉得一刻也不闲，时间没有虚度。

想来，嗑瓜子是一件意义重大的事情。

有一次我坐在开往北京的高铁上，身边的男人从上车就开始嗑瓜子，边嗑边吐在地板上，配合着清理喉咙的声音。我忍不住问："这玩意儿那么上瘾吗？"

他淡淡地说："素质高才自顾自地嗑瓜子，素质低的人都跟你这样爱管闲事。"

人生第一次动手术

你们很多人应该都没有过手术的经历吧？呃，我终于有了，立刻觉得自己闪闪放光彩。在疼痛之余，说说这个事儿吧，也让你们过个眼瘾。

三年前查出来一个瘤，不是体检检查出的，是去按摩，按摩的小姐摸着我的腰说：先生你这里好像有问题哦。这实在太有职业道德了，身为一个按摩小姐，竟然干起了体检医生的活儿。结束后，我记得多给了她200元钱，还嘱托她，一定要用这个钱去学医，因为我从她眉宇间发现了她的天赋。

我当时也不以为意，不就是腰部有个硬块嘛，说不定哪天就忽然没了呢，就跟它忽然有了一样。我没有告诉任何人，否则，老婆如果开始计划遗产的事情怎么办？孩子心想我可能挂掉而不写作业了，又怎么办？邻居老王如果开始觊觎我的车怎么办？这事必须严格保密。

很多人是不是都跟我一个心理？有了问题从来不承认，每天就在心里跟个傻子一样地默念：要相信，好事就要发生了。为此，我学习了游泳、潜水、跆拳道、太极拳,每天还坚持跑步,我努力到什么地步?这么说吧,我们小区的老头、老太太都被我逼得找不到健身的器材。

终于功夫不负有心人,腰部的硬块健康成长,有越发增大的趋势,我现在坚信另一句话:"你认为不会发生的事情,就一定会发生。"每天睡觉前想起它还在体内,我就肾虚到绝望。我在想,如果就这么挂了,还有很多事情没有做啊,于是我就开始创业。如果我一不小心成功了,别人采访我为何取得如此成就,我一定会严肃地告诉他:"我有病啊。"

这个病一拖就是三年,心里想着明天可能就要挂了,于是去了很多地方旅行,比如自驾游美国66号公路啊、北极啊、非洲啊,也做了很多之前根本不会做的事情,比如文身啊,蹲路边对漂亮女生吹口哨啊。反正,我本来就有病啊。

很多事情不去做,其实无非觉得自己还有很多时间。生活中有很多好玩的事情,不是只有钱钱钱、股票、房子,要学会放下,享受慢悠悠的生活,比如端杯咖啡,在某个阳光明媚的下午,临窗而坐,看路上行人匆匆而过,根据每个人的表情猜测他们的故事,这才是真的活过了一个下午。每次我跟朋友讲这个道理,他们都跟我说:"你有病啊?"

直到我认识了一个医生朋友,姓胡,人称胡一刀,大致就是刀功很厉害的意思,他说:"有病就要治。"然后,给我讲了扁鹊见蔡桓公的故事。看着他大段大段地背诵,我非常崇拜他,这年头不会背古文的大夫不是好朋友。最后他说:"你不是想减肥吗?割一刀你最少可以轻一斤。"

于是，我选了一个良辰吉日准备去做手术，到了医院才知道胡一刀属于整形外科，我挤过门口一大群待整容的姑娘，胡一刀说先去做个 B 超吧。我拿着单子又越过那群待整容的姑娘，来到 B 超室，医生边检测边跟几个实习生介绍："看这个尺寸，以我多年的从医经验，就知道比较严重，小伙子，不用紧张，割了就好了。"

我拿着单子心情忐忑地又去找胡一刀，他说："应该是良性的，先割了，然后再做病理分析。"看到他迫不及待的样子，我也不忍心坏了他的兴致，虽然我心里有强烈的冲动想逃跑，但想到很多革命烈士，他们在敌人面前从来没有屈服过，怎么说，我也曾经是一名少先队员和共青团员啊，这时候如果跑了，隔壁老王会怎么看我？

进到手术室，胡一刀就说："趴下。"

我就很自觉地趴下，顺便把裤子脱了。此刻，我想起了曾经的那个按摩小姐，不知道现在她做医生了没有，不知道她嫁人了没有。

这时手术室进来了几位护士，嘻嘻哈哈的，有人准备麻药，有人拿着各种手术器材，胡一刀跟她们八卦了医院里各个主任的逸闻趣事，然后想起我还趴在那里，就接过麻药针说："可能很疼。"

说话间那针就刺了进去，我勒个去，要不是护士长得好看，我肯定叫出来了。

胡一刀果然刀法熟练，只感觉麻麻木木，又热又涨，腰间一阵刀光剑影，二十分钟没到他就跟我说："结束了，你等会，我缝起来。"真是个好裁缝，针线活也不错，又二十分钟不到，他说：

"走吧。"

第一次就这么匆匆结束了,我都没来得及握住护士的手,都还没有咬床单,总之第一次都是遗憾的艺术。

回来后发了一条朋友圈,无数朋友点赞。真正关心我的,反而是一个保险公司的朋友,他留言说:"身体是最重要的,一个人身体没了什么都没有了,再多的财富都没用,等你康复我卖你一份医疗险吧。"

人间自有真情在啊!

你们是不是看到这里也觉得健康很重要了?最后用个小故事做个结束吧:

1602年,明神宗朱翊钧病重,深夜他跟宰相沈一贯说停止所有矿税,宫殿停止建设,各地宦官一并撤回,钱乃身外之物,生不带来死不带去,人活着要从善纳谏。

没承想第二天病好了,首要事情就是后悔昨夜的决定,派出二十个宦官追讨谕旨。

这就跟一个人生病时要说好好生活,病好了,只会变本加厉是一个道理。不说了,我要开始继续享受我的生活了。

踮着脚尖得到的东西

在丹麦的哥本哈根买了两个瓷杯,据说是皇家瓷器,所以要求店家包裹得里三层外三层,再装进加厚的盒子里,中间塞上泡沫,飞了近十个小时终于顺利带了回来。

回到家一层一层打开,欣喜之情难以言表,就在打开最后一层包装的时候,正如你们想的,手一滑瓷杯掉地上,碎了,一片一片的,如同我破碎的心。

这世上最遗憾的事情莫过于,就在要成功的最后一刻,功亏一篑。

我认识一个女孩,她特别喜欢一个男生,每次跟我谈起这个男孩,眼睛里都是满满的幸福。

为了让那个男生喜欢自己,她基本做到了言听计从,男孩让她跟谁交往,她就跟谁交往,男孩让她穿什么衣服,她就穿什么衣服。甚至,男孩喜欢什么语气,她就用什么语气跟他交流。

男孩喜欢看斯诺克,她就经常问我关于斯诺克的规则,虽然从她的眼神中感觉她根本不喜欢这项运动,但她说每次陪那个男孩的时候，她就会假装大呼小叫，做出很享受的样子。

最后，他们分手了，她主动提出的。

她说，自己太累了，每天过得如同一个演员，而且是一个没有灵魂的演员，虽然她依然喜欢那个男孩，但自己这样每天小心翼翼地过下去，她说自己会疯。

我们经常小心翼翼地呵护一个心爱之物，或人，不惜付出一切努力，但事实往往就是，小心呵护的东西反而因为太谨慎而破碎。努力讨好一个人，如同踮起脚尖去取高处的东西，因为不稳，往往最终人、物两相损。

我把瓷杯的碎片，装进一个大玻璃瓶子里，里面放了一个丹麦小徽章，朋友问这是什么艺术品。我说这是一瓶子心情，看到它，就想起自己在哥本哈根的那段快乐旅程。

后来那个女孩爱上了另一个男孩，我问她喜欢对方什么。她说："在他面前，我可以无拘无束、随性自然。"我懂她的这份感觉，就如同走在平地上，舒舒服服，随时可以翩翩起舞，随时可以发现美好的自己。

霜降

大地蒙霜，草木落黄

:)

所以，真正的幽默，其实是智慧，说明一个人看问题的角度非常多。

从青春年少路过

我也不知道怎么就"嗖"的一下从 20 岁到了 30 岁,正如我不知道怎么更"嗖"的一下到了 40 岁,快到我还一直错觉"我还只是个孩子啊"。之前单位里介绍我都是"这个孩子",现在来个新人,就跟他们介绍我:"这位老同事……"

是可忍,孰不可忍!不对,我现在就是个叔了,还是忍吧。

20 岁到 30 岁,这中间到底发生了什么?这么说吧,20 岁的时候每周买一盒 10 只装的杜蕾斯,30 岁的时候一个月最多买一盒 3 只装的冈本。有什么好笑的,主要是冈本比较贵,好吗?要学会节省着花钱。

20 岁的时候可以连夜赶 5 个场子,3 场吃饭、2 场 K 歌,那感觉真的是雄姿英发、羽扇纶巾,小乔就要嫁给我了。30 岁的时候去吃一顿饭都觉得好累,有事打个电话不就好了吗?吃饭、K 歌不浪费时间?

20 岁的时候,对当红歌星和他们的星座喜好如数家珍,30 岁时别人嘴上的当红歌星听得我一愣一愣的,还特地上网去查大家为什么不喜欢小虎队了,才发现,竟然解散了。

站在30岁的当口,茫茫然不知其所以然,孔老先生说而立,立什么?立功?立德?立言?都忒遥远。但我觉得,下面这五件事情,却是可以考虑清楚的。

一
让工作成为自身的一种表达

20多岁初出茅庐,怎么歪打误撞做个愣头青都可以,反正你年轻嘛。但是到了30岁,需要去反思的一个很重要的问题是:自己是否拥有了具备独特优势的能力?这个能力或许是特别擅长写作,这个能力也可以是特别精通英文,这个能力可以是销售任何产品,这个能力也可以是骂人骂得惊天地泣鬼神。

30岁如果你还没有训练好自己的这项技能,那你就面对一个很尴尬的处境,新来的同事对新事物的接受能力更强,关键是要的工资更低,你这么大年纪霸在这个位子上,凭什么不把你开掉?就因为你知道公司里各种八卦吗?

我有个30岁的朋友,她上午的工作流程是这样的:

打卡、开电脑、洗杯子、倒水路上各种八卦、擦电脑屏幕、整理下办公桌、把手机拿出来充电、看看到底谁会迟到、收邮件、顺着邮件里淘宝的链接去购物、刷微博、转发各种大事件、聊QQ告诉朋友一切顺利、拉黑中毒的朋友、打开手机看微信、浏览朋友圈献上红心……中午吃饭。

只能说，她碰上了个好老板，或者她睡过老板了。

到 30 岁这个阶段，没有必要把工作和生活对立起来，因为工作也是生活的一部分，对立起来的后果就是，觉得只要工作，就影响到了幸福生活。让自己掌握一项核心能力，然后利用这项核心能力去拓展自己在行业中的影响力，这样你就成了独一无二的自己。到此时，工作对你而言，是一种生活方式，更成了一种自我的表达。只有当工作超越了熟练阶段，成为自身的一种表达的时候，它才可以称得上是一门艺术。

二

让感情在底线之上成为一种习惯

装修房子的时候，对各个细节都百般挑剔，吊灯的高度、沙发的角度、踢脚线的契合度……其实搬进去过日子后，很快就不会在意这些。挑选一个恋人也是同样的道理，婚前严密考察他的言谈举止、待人接物……其实结婚后，对方总会有这样那样你觉得当初没有觉察的缺点。之所以能过下去，无非就是对这些缺点习惯了。

习惯了，我觉得是一种很高的境界，其实就是开始学会了宽容。现在国内离婚率高不高我不清楚，但我周围朋友的离婚率确实很高。离婚的理由也是五花八门，比如牙刷放的方向不对，牙膏挤的方式不同，呃，干吗跟牙膏过不去呢……睡觉喜欢背对着自己，袜子乱放，吃饭喜欢吧唧嘴……因为这些而离婚，不知道是对方奇葩，还是自己是奇葩中的奇葩，反正肯定有一个是奇葩。为什么这些不能容忍呢？因为抬头不见低头见，让人心烦。此时，方法不是离婚，就是外遇。

有人说，人生最大的悲剧就是，辛苦了半天，发现最爱的人在别人家里。其实所谓的最爱，或许就是因为对方在别人家里，因为你们没有生活在一起，所以觉得美好。所有的爱情故事，都会从激情归于平淡，从花前月下归于油盐酱醋。真正的幸福，不是一次刺激接着一次刺激，而是有勇气接受激情退去之后的平淡。

所以，请开始习惯一些事情。比如不会再去翻阅对方的手机，因为你知道对方也要有自己的空间。不会再去计较对方的小毛病，因为自己也有不少缺点。不会再因为一点小事情而发火，因为这种小事情太多了，总不能把自己气死，呃，到时候房子、车子、票子都给了别人，想得美！

当然这一切都有一个前提，那就是没有触碰到彼此的底线。我认为，婚姻有两个底线至关重要：一是不能家暴；二是彼此诚实。在此底线基础上去习惯生活，不是悲观，而是让自己不再跟生活较劲，放自己一条生路。

三

让金钱成为自己可以驾驭的对象

20多岁如果忙着赚钱，30岁就要学会适当去理财，把钱都放银行里，你也太奢侈了吧，如果利率比不上通货膨胀，你就是在赔钱知道吗？如果你的月薪是 5000 元，请记得分成五份，一分用来买书，一分给家人，一分给女朋友买化妆品和衣服，一分请朋友们吃饭，一分作为同事的各种婚丧嫁娶的份子钱，剩下的 4999.95 元钱藏起来，不要告诉任何人。

这种理财小妙招，一般人我是不会告诉他的。

玩笑归玩笑，钱确实需要想办法去打理，如果你连笔小钱都管不好，给你一大笔钱，也注定是个悲剧。有多么大的能力，就驾驭多么大的财富。

赚钱是一个过程，而非目的。如果只想着赚够多少我就怎样怎样，这就是把赚钱当成了目的，把赚钱当目的的问题是急功近利，也易患得患失。一个成熟的人，应该把赚钱当作过程，只要有赚钱的能力，就不必设定赚够多少就如何，赚够就怎样，这是很可笑的一个目标，难道你接下来就坐吃等死吗？再说这种事情怎么可能有够的时候。培养自己能赚钱的能力，边生活边赚钱，这样既快乐又饿不着自己。

从 30 岁开始，通过自己的努力，让自己的梦想一点一点实现，这样的生活才美妙无比。不急于一步登天，幻想着所有梦想都一夜实现，那只会让你充满挫败感；不忽略奋斗路程上点点滴滴的快乐感受，有朋友言欢，有趣事相伴，有爱人可恋，即使明天终结，问心也无憾，生活或许应该就是这个样子。

即使卑微，也自有其灿烂。

一个四十岁的男人给你提个醒

转眼我就过了不惑之年,感觉写完给而立之前的建议才一两天,或许我的人生已经过了一半,这就意味着要从偶像派变成实力派了。某天午夜醒来,回顾了一下走过的路,觉得有几件事非常重要,身体要健康,运动要保持,这样基本的事情我就不唠叨了。我就讲几件其他的事情,当作一个大哥善意的建议,希望给那些正在奔向我这个年龄的年轻人一些启发。

一

让读书成为一种习惯

对一个 40 岁的人来说,因为你的成长与学习很难再通过别人的指点去实现。年轻点儿的人不懂了可以去问,一个 40 岁的人不懂了去问会被人说:"你是怎么活到这么大岁数的?"

所以读书非常重要,一个善于读书的人,能够完成自我对学习的需要。读书对一个人来说,永远都是进行时,而不是完成时。通过读书来提升自己,才会遇到更好的人,交往的层面是由自身的素质决定的。你从来不读书,自然结交的大部分是肤浅和物质的人,聊的无非也是鸡毛蒜皮普拉达艾乐喂。哪怕遇到更好的人,也会被你吓跑,话不投机半句多,相逢一笑说拜拜。你是怎样的人,决定了你会有怎样的朋友,也决定了你会有怎样的爱人。

除了读书,也要学会享受孤独。一个不能享受孤独的人,其实是很寂寞的。很多人天天参加各种聚会活动沙龙,无法让自己安静下来,因为他们害怕孤独,害怕跟自己相处。因为只要跟自己相处,就需要跟自己的内心对话,所以他们需要热闹的环境,在其中寻找自己的存在感。一个无法跟自己独处的人,一般不会有什么大智慧。

二

学会享受孤独

孤独,其实是一种极高的人生姿态,因为你懂得如何照顾自己的内心需要。

总有一天你会明白,不管你多么努力,其实并没有多少人在意。更多的人只愿意看到结果,你的过程如何艰辛,跟他们没什么关系。我曾经辗转几个航班,行李丢失在机场,耗到下半夜再坐大巴去石家庄不眠不休,早晨八点到九点开始上课,只为对客户的承诺,我觉得自己很伟大,但仅限于我自己。

所以说，你翻山越岭，无人体会你的辛苦，你振臂高呼，也少有人分享你的喜悦。

说到底，人生就是自我对孤独的一场救赎，你越早学会越好。

三

结交几个真正的朋友

做着自己喜欢的事情，顺便结交几个真正的朋友。

不要去讨好所有人，靠讨好获得的人际关系是不稳定的。只有做好自己，才能吸引真正的朋友，而这种关系才能真正持久。对谁都好的人，注定没什么真朋友，谁都不得罪，也就没原则。同样道理，对谁都爱的人，也就没有真爱，真爱一个人就是，我对世界上的人充满爱，但给你的与众不同。所以，遇到说爱你的人，不必激动万分，没准他对谁都是如此暧昧。爱上一个人，就是会把世界分成别人和你。

不要把所有人都当作朋友，很多关系不必靠得太近，每天接触那么多人，不是每个人都要成为朋友的，很多人就是蜻蜓点水，你好我叫某某某，很高兴认识你，再见。君子之交淡如水，不必交换隐私也不必加微信，大部分的恩怨爱恨都是因为离得太近，近之则不逊，原本客客气气的关系，开始变得阴阳怪气，彼此都不舒服。有距离，才会有尊重。

谁是自己的知心朋友呢？价值观一致，有一些相同的爱好，在一起有话说，最好有趣一些。

交朋友，有趣是很重要的衡量标准，有趣可以体现在某个领域的专业，可以体现在美食上的精通，可以体现在不羁世俗的某种勇气，也可以体现在聊天时的奇思妙想。因为有趣，所以让人放松，因为有趣，而不必苦大仇深让人唯恐避之不及。有趣，或许可以归纳为一点：因为找得到自己，所以不给别人带去压力。

四

成熟地处理各种关系

随着年龄的增长，你必须明白一个道理，就是你谁都占有不了。你喜欢一个人，喜欢到发狂，你也占有不了她，她还是她，绝对不会变成你的一部分。每个人都属于自己，你能做的只有陪伴。任何试图宣布占有对方，都会最终被挫败，沦为感情的囚犯。

相爱之后，谁都无法保证不会再遇到更心动的人，更有钱，更好看，更温柔，更符合期待，更懂你，你是缴械投降，还是忠贞不渝？所以爱情绝不仅是冲动与激情，而是一份承诺。爱上你，所以对你有承诺，因为这份承诺，再心动也会把心中的荡漾，控制得波澜不兴。

我觉得这才是成熟的人格。见一个心动得就爱一个，这种人就是滥情了，而滥情的结果，最终就是陷入虚无主义，因为对谁都爱，便无法获得专注的回报，没有这种回报，就谈不到幸福感。

五

学会告别

人岁数大了,也逐渐要有心理准备接受一些现实,比如父母会衰老离去。在这之前扪心自问,是否有回报养育之恩,不管在外如何春风得意,只要父母健在,回到他们身边就觉得自己还是个孩子。如果有一天推开父母的门,已经没有熟悉的脸对你微笑,也就意味着这个世界上,再也没有人用生命对你无私地爱了。

除了父母,朋友也可能会离开你。在人生前进的这条路上,会不断有老朋友离开你,他们或许跟不上你的步伐,也可能选择了其他的路,不要悲伤,他们一定自有好的归宿。当然,这一路上也会有新朋友靠近你的身旁,他们被你坚定的步伐和独特的气质所吸引。人生不同的阶段有不同的朋友相伴,珍惜这段同行的时光,能不能一起走到最后,何必强求?

朋友会离开,爱人同样也可能会。我爱的人如要离开我,我定是只会说两个字:"好的。"绝口不问:"为什么?你怎么可以这样对我?到底我哪里做得不对让你如此?"既然你决定要离开,必定有你准备好的理由,我不想听你谋划许久冠冕堂皇的借口。凡是离开的必然本就不属于我,祝你好运,从此云淡风轻,过往一笔勾销。人生短暂,我不活在记忆中。

最后我总结一下我现在的生活态度:尽己力,听天命。无愧于心,不惑于情。顺势而为,随遇而安。知错即改,迷途知返。在喜欢自己的人身上用心,在不喜欢自己的人身上健忘。

如此一生,甚好。

以幽默的方式过一生

我从小学习成绩就很差，所以就在想，长大后我或许可以做一名老师，所以现在我的正式职业就是做老师，专门难为那些成绩好的学生。大学一毕业我就失恋了，觉得自己的人生就开始了。大学谈的女朋友因为跟我是异地恋，两个地方大约隔着一个小时车程吧，以现在城市的交通状况，估计谁都无法幸免。分手的理由很简单，我们的感情承受不起那么昂贵的车票。当然，这是表面的原因，根本的原因是我工作找得太差了。

我第一份工作实习是在济南一个超市里卖内衣，而且是女士内衣。我那时候羞答答的，比那些来买内衣的女孩都害羞，老想躲起来不被她们发现，但我们的主管半个小时就会来巡查一次，所以我经常站在女士内衣旁边的货架旁，假装在思考人生。

你们可以想象那个场景。偶尔，有些女孩也会问我什么号什么杯的，什么ABCD，那会儿我对这些英文字母有了重新的解读，原来含义如此丰富，晚上就上网查资料，以更好地了解内衣的各种问题，你们知道这类问题大都是在不太健康的网站上。

跟我住一个宿舍的兄弟每次都看着我，再看看我的电脑，然后很鄙夷地说："还是找个女朋友吧，毕竟你还年轻。"

在刻苦地学习和钻研后，我终于知道了什么是胸围，什么是罩杯，这些专业知识让我获得了极大的自信，哦，对了，你们不知道我大学是学会计学出身的哈，你们可以想象我这个跨界有多么大吗？就在我准备在内衣这个事情上大展拳脚的时候，实习结束了。

人生中很多事情，当你准备好了的时候，人家不给你机会玩了，我现在这个技能，只有陪老婆逛街买内衣的时候才会派上用场，而且还不敢表现得太专业，否则我老婆肯定会怀疑我的身份。

然后我去给领导做了秘书。我实在不明白这样的实习有什么意义，我一个学会计的，被招聘进公司做秘书，却让我卖女士内衣，当时觉得这家公司的人事部真变态。

领导跟我说，你负责给我写发言稿，要求有两点，一是要显得我很有文化，二是要简洁明了。我实在搞不懂如何在简洁明了的基础上显得很有文化，不过我想这事跟女士内衣有点类似，在很小的面积上大做文章。

我就给领导在发言稿里摘引唐诗宋词，越生僻的越好，这样才能显得很有文化，所以很多诗词我都是那个时候背诵的，比如"大夫官重醉江东，潇洒名儒振古风"。你们知道是谁的吗？杜牧的《寄宣州郑谏议》的头两句。是不是显得我很有文化？后来我们领导又招了一个女秘书，让我备感压力，这样一来，我就不具备先天优势了。

后来我看到网上有一张图片，就是领导的发言稿，还有括号：

此处有掌声，停顿不要读。我立刻就发现，自己的职业太有提升空间了。我也尝试给领导这么写稿子，比如括号，此处用重音，等待观众鼓掌。结果第二天我就被骂得狗血淋头，因为领导把括号里的字也读了，所以用什么招式，要结合着领导的智商来。

领导大骂我一顿后，告诉我：你是把我当智障啊，还是脑残啊？哪里用重音我会不知道吗？记得下次这些地方用红色！

遇上个好领导，进步就是快。

就这么在一个单位优哉游哉地工作了两年，有一天我突然有个反思，觉得我这一辈子是不是就要这么过下去。看到单位的老员工我就知道自己的未来，官职不大，会议不断，其实主要的是钱少。那时一个月领400元工资，所以一直没敢谈女朋友，怕养不活她。其实，促使我离职的最主要原因，还不是钱少，而是看了一部电视剧叫《白领公寓》。

主演是安在旭和董洁，觉得他们在上海同时住在一个公寓里好浪漫啊，那会儿根本就忘记了自己每个月400元的工资，就觉得在上海的某一个公寓里有一个长得像董洁的美女正在等我。接下来，就毅然决然要辞职，世界这么大，我要去看看。我最后给领导写的一篇稿子，就是我的辞职信，我说我还年轻，不想就这么耗费掉自己的青春。我至今都记得去领导办公室交辞职信的情形，领导大笔一挥："同意！"也没有任何挽留。我们很多时候都会陷入一种错觉，觉得自己牛，其实不过就是牛粪，供人豕养花的。走出领导办公室前，隐约听到领导在打电话，那个写稿子的走了，再帮我招一个。

辞职后我就开始想去上海闯荡的事情，我从没离开过山东，所以也没什么远行的经验，买了一张硬座火车票，绿皮的那种，揣着8000元钱，跟一群要去上海参加安利营销大会的人坐在了一起，这一路上那个慷慨激昂啊。这事给了我很大的触动，同样是工作，他们是怎么做到那么自信的呢？幸亏火车只坐了7个小时，否则我的职业跟现在肯定大不相同。

我记得那是一个冬天，我从上海火车站出来，站在出站口，不知道该去哪里，真的是体验到了举目无亲的感觉，但一点儿都没感觉凄凉，心中就想着董洁一样的姑娘正在公寓等我。我打了一辆出租车，才想起要告诉他地方，去复旦大学，我高考的梦想大学。出租车师傅问哪个门，我说随便哪个门，他就嘟嘟囔囔的，反正我也听不懂上海话。一路上，尚未熄灭的路灯把树枝的影子投射在我的腿上，一条一条地扫过，我抬头看着高楼林立，自己热血沸腾，现在想来，真羡慕那个时候的自己。

后来有很多年轻朋友问我，人生这问题那问题的，我觉得想做了就去做吧，反正年轻，失败了有什么好怕的，本来什么都没有。

到了复旦大学门口，我就觉得应该租个房子，因为太早了租房子的小店没有开门，我就坐路边等。看着晨曦中的上海，好生感慨，觉得充满了机会，觉得自己的人生充满了无限可能。后来，租房子的那个人来开门，还以为我是来应聘的，我就拿《白领公寓》里的房型给他看，问多少钱。他说这样的房子8000元左右吧。我摸了摸自己的口袋问，有没有1000元以下的？他说你选择的空间还真的是很大啊。后来他带我去看了一个每月600元的房子，我立刻就中意了，因为便宜。

租好房子就开始找工作，因为我有两个技能，一是懂内衣，二是会写稿子，每天从网站上投完简历，然后就等着电话。一场一场的面试，一次一次地被拒绝，我那时甚至怀疑很多公司人力资源部的人纯粹闲着没事干，就找我去聊天而已。终于，在我一个大学女同学的男朋友的帮助下，这个关系够复杂的哈，进入了一家IT（信息技术）公司做项目，这下我前面用了好几年练就的内衣和写稿子的技能全部付诸东流，再次验证我人生中一个非常悲催的定律：当我做好准备，就要改行了。

做了四年IT项目实施，顺便谈了场恋爱，女朋友是上海人，用现在的词说起来，我是她的备胎，不过我也是分手以后才知道的，备胎一般都不知道自己是备胎，而且那个时候我还不是偶像派。后来，她跟一个德国人出国了，留下了一个我，和整个上海。

我以为她是我的绝恋，没想到她是我的陪"恋"。

失恋最残酷的不是失去了一个人，而是留下来熟悉的场景，一起牵手走过的衡山路，一起在夕阳西下的某个下午坐在徐家汇的咖啡店，看行人匆匆……每次经过这些，都对我构成二次伤害。我生命中的爱情好像也遵循了这个规律，当我准备好要娶，对方就会移情别恋。我有时候在怀疑，上天总是跟我开玩笑，想做的总是做不成，不想做的总是水到渠成，当我全力以赴地奔向一个目的地，才发现其实是个岔路口。

那时我就开始思考，人生的意义到底是什么？没有失恋过的人根本不足以谈哲学问题，我就开始没日没夜地读叔本华，读尼采，读海德格尔，读康德，读休谟，读斯宾诺莎。我就是要寻找答案，结果没找到，因为这些哲学家大都禁欲。

我后来去读罗素，这哥们儿行，是个花花公子，老婆、女朋友、别人的老婆、别人的女朋友，他都乱来一通。我那时觉得罗素厉害极了，你们知道一个多次失恋的人，看到这种泡妞高手，简直崇拜得要命。我决定跟罗素一样，要流浪着生活，想来想去，决定要辞职，离开上海，开始我的新生活。

我经常是先辞职，才决定要做什么，而如果不知道要做什么，就先积累和丰富自己。于是，有半年都不知道要做什么，就闷头读"四大名著"，后来读到《西游记》很不爽，就自己重新把《西游记》写了一遍，2006年我就出版了那本《水煮西游记》，卖了2万多册，那个出版人就看破红尘出家了，不过就帮我出本书嘛，至于吗？这对我要当作家的梦想简直是个很沉重的打击，因为除了他这样的人，谁还会出我的书呢？

后来我又写了一本爱情小说，为了"纪念"生命中离开我的女人们，我里面女主人公的名字都用了她们的名字。所以说，千万不要得罪艺术家，他会让你青史留名。我做得还不够狠，最狠的要算巴洛克艺术大师贝尼尼，一位能把石头雕出生命的雕刻大师。这位雕刻大师爱上了一位有夫之妇叫卡斯坦莎，他如痴如醉地为她雕了精美无比的雕像《卡斯坦莎胸像》，结果卡斯坦莎移情别恋了贝尼尼的弟弟。

这件事最后的结果是，贝尼尼派仆人划了卡斯坦莎的脸，使她毁容，他自己跑去将亲弟弟疯狂地痛打一通。这还不算完，贝尼尼把卡斯坦莎雕刻成了邪恶的形象《美杜莎》，让她永远以丑陋示人。

这么想来，我其实还算是善良的。结果我的书写完了，却找不到出版商，大致都是要让我包销5000册，我数来数去认识的人也不超过5000个人，于是就打消了要当作家的念头。

就这么边读书边写书浑浑噩噩过了半年，江苏常州一家公司找我去讲课，说能不能把唐僧如何管理徒弟的技能给教下，给3000元钱，我说行，不过要先付钱。我发现，这原来也是一个职业啊——给企业讲课。这一做就是十年啊，到此时我大约明白了一个道理，就是所有看起来没有意义的累积，最终都会汇集起来，让今天的自己成为一个必然。

如果不卖内衣，我就练不出自己的胆量。如果不给领导写稿子，我就不会准备课件。如果不去上海，我就学不会项目管理的知识。如果不出《水煮西游记》那本书，我就不可能把《西游记》的体系理得那么清楚。当然，如果我女朋友不甩了我，我也不会辞职而选择这份职业。你们可能说这就是命，而我说，这是我自己的选择，一蹦一跳地最终跳到了这块踏板上。

在我看来，人生没有偶然的事情，都是必然，一切都必然发生，所以我不会去焦躁和痛苦为什么单单发生在我身上，因为它们必然发生在我身上。如是想，则解脱，但还不够。

后来微博突然火起来了，我不属于第一批玩微博的人，是我一个朋友帮我注册和认证的，当时也不叫琢磨先生，叫苹果树下，那时还是个文艺青年，后来就尝试着写了几条微博，竟然有人转、有人评论，这事让人挺上瘾的，就跟你们现在发个朋友圈有人点赞一样，于是就一发不可收，一直写啊写，直到把"四大名著"假想体写完，突然就火起来了，粉丝在一周内从 2 万蹦到了 30 万，一周内接受了 40 家媒体的采访。他们都问你怎么对"四大名著"这么熟悉，我跟他们说因为上海女朋友抛弃了我，他们都不信。感谢这位女朋友，你若安好，便是晴天。

出名了总要做点什么，我就想到了做脱口秀演出，第一场在北京，1000 张票，两天卖光了，吓了我一跳。直到那时我才知道，我可以走偶像派的路线。做完脱口秀演出后优酷来找我拍《老友记》，于是我就跟某位企业家聊了两集，聊完他就嫖娼了。那段时间中央电视台《新闻联播》天天播大 V 的社会责任什么的，背景放的就是我访谈他的视频。这是我人生第一次上《新闻联播》，竟然是因为另一个人嫖娼。我很多朋友看到后给我打电话问："你是不是被嫖了？"

这事直接就灭了我想走娱乐圈这条路的想法，风险太高了，不小心就嫖娼了。现在我笑着说出来，但当时却实在不轻松，天天有人在我微博评论里骂我。虽然不是我嫖娼，但感觉我是个共犯。

总有人让我写个关于幽默的文章，但我觉得幽默应该不是一篇文章，而应该是一种生活态度，就是能始终找到最有趣的角度，把残酷的生活，变成一个大大的玩笑，自己逗自己乐，自己笑了，便什么都放下了。

如何做到逗自己乐呢？我有两个常用方法，一是自己嘲笑失败的自己，自己都嘲笑过自己了，别人的嘲笑算什么呢？意思就是等你们嘲笑我的时候，我早就嘲笑过自己了，比如卖内衣那事，我自己都嘲笑过自己数百次了。

二是反向推理，把结果反过来，然后去寻找依据。比如，自己面试失败，我真是太悲催了，反向推理就是，真幸运今天面试失败了，然后去找个荒诞的理由让自己觉得开心，比如因为那家公司的前台实在不好看。

你们要问我将来要做什么，我现在的想法是做个安静的哲学家，哦，不对，是个很帅的哲学家。将来要是变了也不怨我，毕竟我不是那种习惯规划的人，我只要一规划，差不多就要改行。如果非要从生命的经历中总结点经验出来，我想有三点：

第一点是所有的累积和经历都是有意义的。哪怕现在看上去没有意义，只要用心做好当下的每一件事，都会在未来的某一刻派上用场，这些经历最终会累积起来，把你推向一个位置。当你回首一看，每步的积累都有其价值。比如，过去一次伤害让你认识了一个人，通过认识这个人了解了某件事，了解了某件事发现了这个机会。对未来而言，当下每件事都不可或缺。

第二点是人生要经常跟自己开玩笑。比如，各种失败、挫折和突发的打击。要找到最幽默的角度去看待，把它们变成一个一个的玩笑，对着自己的失败哄自己咯咯作笑，你就是个人生的赢家。因为真正的幽默，其实也是智慧，说明一个人看问题的角度非常多。

第三点就是懂内衣很重要。

立冬

土气凝寒,万物收藏

☺

　　人生如四季,既得掌控春天的萌动,又得控制夏天的激情;既得享受秋天的收获,也得忍受冬天的孤独。冬日来临,喧嚣静寂,更能体现生命的价值与尊严。即使抖落繁华,也能点缀凡尘世间。

你为什么赚不到钱

我觉得赚钱的方法有很多，比如用自己的能力赚钱，用别人的能力赚钱，用关系赚钱，用钱赚钱，用资源赚钱，用消息赚钱，用色相赚钱……不管用哪一种方法，我觉得人这一生是可能到达一个境界的，这个境界就是做什么都赚钱，不做什么也可以赚钱。只要想赚钱，随时都可以赚，比如我可以通过讲课赚钱，可以通过出书赚钱，可以写专栏赚钱，可以策划创意赚钱，可以做脱口秀演出赚钱，可以偷偷卖老婆的包赚钱……总之，就是很多事情都可以赚钱，虽然不会富可敌国，但是好像也不怎么缺钱。

《故事会》这本特别有品位的杂志，曾经在微博上给我发私信："先生，我们摘了你一条微博，能不能把50元的稿费给你快递过去。"真大方呢，这种巨款我经常收到，我的回复一概是："帮我捐了吧。"就是这么任性。

但是我也有很多朋友，穷其一生，也到不了财务自由的阶段，一直打着一份辛苦的工，在电脑前耗尽自己的人生，最后落下个颈椎病，不敢轻言离职，也不敢随便换工作，因为房贷要还，儿子学费要交，水电费要付，信用卡要还……只能在夕阳西下的某个傍晚，坐在楼顶上，抽完一支烟，感叹一声，这就是操蛋的人生啊，然后回来洗洗睡了，第二次继续轮回。

我想来想去，一个人最终没有实现财务自由的原因有以下三个。

30岁前没有培养起自己的核心独特能力

这个能力一定是别人无法轻易取代的，唯有如此你才有价值。有句话不是这么说嘛：不要去刻意融入什么圈子，当你的能量到达一定层级的时候，对应的圈子会自动吸纳你进去的。

有些人会觉得自己认识很多人，特别是很多很厉害的人，觉得自己的人生整个都飘起来了，觉得他们的人生有你的一分子，甚至错觉到大家平起平坐、称兄道弟。其实，这种事吧，如果你本身并不厉害，不管你如何去谄媚着靠近那些所谓的强人，也不过是个陪衬。自己厉害，才是真的厉害，自己强大，才是真的强大。

所以长久的合作关系，一定是你具备了某一方面的能力，也就是你具有了某种价值，30岁前不管你如何跳槽，一定记住，培养自己某一方面的核心竞争力。

没有好的人缘

这年头没有人帮自己很难成功，单打独斗受限于自己的专业和经验，很难突破自己的瓶颈。好的人缘，带来好的朋友；好的朋友，就可以帮助自己突破自身的限制。

有些人交朋友，只惦记着自己那点利益，觉得别人都该帮自己，都该为自己谋福利，你是长得帅啊，还是祖坟经常冒青烟啊？人家凭什么帮你啊？特别是赚钱这种事情，要不是死党，谁会让你发财啊！所以，没事是不是应该多去朋友圈里给别人点赞呢？

我有个朋友每天上下午各拿出一个小时的时间，来给朋友圈评论，没什么可评论的就点赞。他说这样朋友们才会记得他，哪怕是不熟悉他的朋友，也会因为他的经常出现而记住他。他说自己的女朋友是点赞点来的，他的工作是点赞点来的，他买房子的钱也是他点赞借的。他说，人类历史的进步，跟点赞是分不开的。

所以平时要多积累朋友，不要等到用别人时，才想起对别人好。岂不知，人际关系就像栽一盆花，你不用心栽培，它就会枯萎。如何浇水、施肥呢？打个电话嘘寒问暖，请客吃饭也不忘消夜，别人搬家去帮忙看看有什么不要的搬回自己家……对别人好点，别人才会时刻惦记你。

种花不是为了采花，但等花开绽放时，你自然可以闻得到芬芳。

不会独立思考，不去钻研背后的逻辑

师傅领进门，节操还靠个人呢。我一向觉得自己不算个聪明人，但就是很喜欢琢磨，勤能补琢磨，这个句子好通顺啊。比如很多人给我推荐股票，说这个上市公司要重组了，那个上市公司要被借壳了，我就一一记在本子上，然后分析这些股票的历史数据、目前的经营状况、公司所在行业的现状，甚至还会跑去这些公司所在地做调研，如果看到某家公司门口很多员工拉着条幅讨薪，我就觉得这公司确实差不多要重组或被借壳了。

靠着这份用心，我真的抓住了好多这种股票，后来这些上市公司真的重组和被借壳了。如果我买了的话，我早就发财了。这个时代聪明人很多，肯下功夫思考的人很少。希望短平快赚钱的人多，能自己琢磨背后逻辑的人少。所以要进入任何一门学科，要掌握任何一种知识，必须下功夫，你要掌握它，就要先爱上它。

有这三点做保证，我觉得你也可以实现财务自由，算了，不说了，老婆说我要是拖地就给 100 元奖励，你们看，赚钱，就是这么自由自在。

花钱的原则

你们都会花钱吗？如果你们不会，你们这个缺陷是先天的还是后天的？如果先天不会花钱，可能是因为丑，反正花了也白花。如果后天不会花钱，可能是因为穷，反正想花也没的花。

有钱就会放纵，没钱才会克制，我花钱有这么四个原则。

花钱的第一个原则是，能不花就不花。这点我一个好朋友就做得很棒，每次我们一起吃饭，他就抢着埋单，然后用左手摸自己的右口袋，因为这样可以摸很久。嘴上说埋单，身体却很诚实。

这种时候服务员站旁边，肯定是谁先拿出手机收谁的，所以我这么豪爽的人，立刻就帮他把手机摸出来。真正的朋友，就是在最危难的时刻站出来，让他顺利埋单。

花钱的第二个原则是，钱要花在需要的地方。你不能因为流产便宜就去怀孕，同理可推：你不能因为火化便宜就去自尽，你不能因为牢房住宿便宜就去犯罪，你不能因为性病治疗便宜就去染病，你不能因为电商说东西便宜就买冰箱、彩电、烤箱、抽油烟机、洗衣机……

需要才买，理性消费，否则再便宜对我来说也是废物。当购物节来的时候，这句话转给老婆，可以节约不少开支。

我们家里被老婆买了无数的东西，什么电饭锅、吸尘器、毛巾、各种小挂钩……

我问："你为什么要买这些东西呢？"

她说："打折啊！"

唉，我实在不忍心告诉她，打折，又不是免费。

前几天我老婆跟我说买了一个香奈儿的包，说便宜了2000元。她的眼神看上去好像赚了2000元的样子，我只能仰天长叹。

花钱的第三个原则是，如果真想花就猛花，不能像有些男人一样，不舍得花钱最终活活累死了，然后给老婆留一笔可观的改嫁费。钱不花就不是自己的，钱花了，当然也不是自己的。

钱乃身外之物，生不带来，死不带走，我老婆每次逛街都会用这句话激励我，说得好像她买的衣服不是身外之物一样。

不过一想是这个道理啊，活着的时候有很多钱，身边就会聚集很多别有用心的人。死后有很多钱，鬼都看不起你，阴间又不能用你那些钱，你在搞什么鬼啊。

我曾经看上一个风景优美的小区，于是拼命攒钱，终于拥有了一套心仪的房子。可是多年住下来，在小区里转转的时间没多少，匆匆回家又匆匆离开。哪怕是在家的时候，也是躲在书房里看书，或者是趴在电脑前上网，甚至都没有想过要打开窗看一眼外面的风景。突然间，我明白这个道理：任何东西你不去享受就不可能拥有。

花钱的第四个原则是，花了就别后悔。我一个哥们儿买了辆车后，每天去论坛打听价格，只要听说价格比他买的低就郁闷，这一年来他已经郁闷 365 次了。钱只要花出去，就是沉没成本，就不要再想了，这就跟涂在女朋友脸上的化妆品一样，管它有没有效果，你只需要说好看好看好看，就好了。

人家涂都涂了，你还说难看，你不被她打残谁残啊。

赚钱，体现你的能力。

花钱，体现你的品位。

借钱的艺术

你们有过借钱给别人的经历吗？借你钱的人还健在吗？借我钱的有一部分人打电话跟我说自己失踪了，有一部分人说本来想还来着，结果在来还钱的路上，把别人车撞了。走路把别人车给撞了，这应该是行为艺术了。他说要赔钱给别人修车，所以暂时还不了了。

莎士比亚有句名言："不要把钱借给别人，借出去会使你人财两空；也不要向别人借钱，借进来会使你忘了勤俭。"反正我已经人财两空了，所以现在特别想忘了勤俭。接下来，我就跟大家说说向别人借钱的艺术。

第一，要看准目标。比如，那些在朋友圈里总是转心灵鸡汤励志的一般都没钱，有钱的谁需要励志啊？而且，你发现有人在朋友圈里频繁发名人名言，一般来说他的生活就是遇到了问题。

有钱的是那些在朋友圈里经常说自己吃大餐的，或者秀自己买了奢侈品的，或者说自己做微商很赚钱的，他们在朋友圈这么显摆，怎么可能会好意思说自己没钱呢？况且很多骗人赚钱的微商，我们借他们的钱就算是为民除害。

第二，要注意的是，很多借钱人都善于打折。比如，你借1000元，他也就给你500元，对于数学不好的人来说，人家少借给你500元就等于赚了500元。所以，我每次借钱就说："能不能借我1个亿周转一下？"对方说："我手头也就500元，真不好意思啊，帮不了你那么多。"这样借你500元他就相当于赚了9999万元多，而且还欠你个人情。这样下次再借钱你就可以说："上次你欠我的9999万元多什么时候给我？"

第三，借钱的时候一定要让对方觉得你很有实力。比如，你可以说："我需要10万元救命，现在手头有99500元，你能不能借给我500元？"这种感觉就好比是某个知名大公司老板跟你说：我的公司要上市了，你能不能先借给我500元周转一下？让人感觉，不借简直就是没有人性。

第四，借了钱必须还。我每次借了别人钱都寝食难安，觉得被人上门追债多么不好意思，所以我每隔一段时间就搬一次家。不过，借钱不还很容易破坏感情，曾经有个姑娘问我："喜欢一个结了婚的男人又放不下怎么办？"我就跟她说："向他借10万元钱，如果他不借给你，你就放下了。如果他借给你，你不还，他就放下了。"

所以说，向别人借钱，考验的是自己的人品；向别人还钱，考验的是自己的诚信。

最后说个温暖人心的小故事。

曾经有一个朋友，穷困潦倒，来同我借钱，说自己要创业。我就借了1万元给他。果不其然，五年过去了，再见到他时，他已然是成功人士，名车名表，衣冠楚楚。

他说:"如果不是你当年借给我那1万元钱,我是断断不会有今天的。"然后,他送了一块Omega(欧米茄)的手表,说这是你应得的,虽然也就值几十万元,但代表了我的一点点心意。所以说,在自己能承受的范围内,能帮人一把就帮人一把,说不定哪一天,别人因为你这一帮就改变了人生呢?

后来我才知道,那块表是假的,因为那个手表品牌自己看是:Omygod。那个朋友也因为诈骗入狱了。

……

小雪

瑞雪丰年，吉象立现

教育孩子，我遵循四条原则：
旅行比上课重要，主见比顺从重要，
兴趣比成绩重要，成长比输赢重要。

生下来还要会教育

教育孩子，我遵循四条原则：旅行比上课重要，主见比顺从重要，兴趣比成绩重要，成长比输赢重要。在我写出这几句话后，很多媒体来采访我，让我发表一下对教育孩子的看法。这些看法或许跟很多父母三观不一致，那你就且看且思量吧。

旅行比上课重要

我儿子在一岁多的时候我就开始推着小推车到处玩，后来上了幼儿园，父母说："不能不去幼儿园，毕竟学费都交了，把饭钱给我吃回来。"

我说："饭钱那么重要吗？"

父母说："孩子这么小到处玩纯浪费钱，他又记不住什么东西。"

但我觉得，任何事情不能太功利，而且性格的培养也不是一朝一夕的事情。所以，孩子小的时候，我带他去了很多地方，到每个地方、每个国家，都把他往游乐场里一放，让他自己去想办法跟不同的小孩交流玩耍。

再大点儿，我给他准备了一个小背包，一个小行李箱，跟我的配置一样，训练他的责任意识。旅行对孩子来讲，是培养性格的一种极好的方法，他知道了如何去照顾别人，知道很多事情并非都如他想的那样想得到就得到，遇到困难要跟大人一起想办法，到了陌生的地方就去探索，培养好奇心。

有一次我带他在美国自驾游1号公路，我说我们要快点，不能在路上耽搁太多时间，要在天黑之前赶到蒙特雷，5岁的儿子看着我说："着急干啥，反正早晚都会到的！"我盯着他怀疑自己是不是培养了一个哲学家。是啊，快点慢点都会到的，人生难道不也如此吗？快点慢点都会死的，急什么？这么多年我一直急啊拼啊，赶到目的地又怎样？于是我们就一路慢慢悠悠地聊啊聊，于是时间在我们父子两个身上开始停留。

主见比顺从重要

我们经常说："这个孩子不听话。"

可是，你有没有听孩子的话？

我儿子上小学后第一天回家跟我说，老师说路上遇到陌生人问学校有没有留作业，就回答说没有。原来教育部规定三年级前不允许布置家庭作业，但很多家长反对，说这样对孩子是不负责任，老师被逼无奈依然安排作业，但需要孩子配合着隐瞒。也就是说，我儿子上学第一课，首先学的是撒谎。

我问他："你觉得要不要说谎？"

他说："撒谎是不对的。"

我说："那如果有人问起，你要怎么回答？"

他说："我就说有。"

我说："如果你认为这样是对的，那就这样回答。"

我知道孩子早晚会学会圆滑世故那一套，否则他可能无法适应周遭的世界，但我希望尽可能晚一点。

所以遇到任何事情，我都会问他："你的意见是什么？"

有次去买衣服，我太太说："儿子买黑色，不要买红色，毕竟是个男孩子。"

我说："太太，是你穿，还是他穿？如果是孩子穿，我们为什么要帮着做决定呢？"

很多时候我们帮孩子做了太多的决定，反过头来说孩子没有主见。不管我们如何爱自己的孩子，他迟早都要独自面对这个世界，自己选择，然后去承担责任，才是一个成熟的人必需的品格。

兴趣比成绩重要

我儿子也参加了很多兴趣班，我觉得有个特别不好的观点是：

孩子不要兴趣班。你怎么知道孩子不愿意参加？兴趣班学什么根本不重要，其实孩子更主要的是通过这些兴趣班跟小朋友玩耍，这事至少比在家里玩 iPad（苹果平板电脑）好。

不要参加兴趣班，也纯粹是家长的想法。

我数了一下，我儿子参加的兴趣班有跆拳道、书法、绘画、音乐、街舞、轮滑……不下十几个，我的态度是，只要你自己愿意，我们就去，不接触，怎知自己的天赋。

后来他坚持下来的也就是诗歌朗诵，其他都不怎么感兴趣。他就是喜欢说话，呃，我一想，这天生是个政治家啊。

很快他就表现出了对语文的喜爱，同时也开始对数学反感。语文能考 60 分，数学却只能考 59 分，我说孩子，你偏科啊。

我问他："为什么要学数学？"

他说："考试及格。"

我说："你觉得生活中哪些地方可以用到数学？"

他说："买东西的时候。"

我说："其实呢，你喜欢玩 iPad 是不是？上面所有的游戏背后，其实都是数学。"

他说："真的啊？"

我说："当然，它们背后都是数字。"

他问："为什么？"

我说："等你研究好这件事情，然后跟爸爸聊聊。"

从此以后，我儿子喜欢上了数学。不记得在哪本书看到过一句话，对我影响很大：你想别人抱着怎样的一个目的开始做一件事情？兴趣，是最好的老师。

成长比输赢重要

我们整个社会都弥漫着成功学的教育，但从来没有人教失败学，所以很多人都渴望成功，却无法面对失败的问题。

有一天儿子回家说："我被打败了。"

我说："哪方面？"

他说："跑步没跑赢别人。"

我说："跑步是为了什么？"

他说："跑赢别人。"

我说："除了跑赢别人呢？"

他说："健康？"

我说："我认同，运动是为了让自己更健康。"

他说："那我每天都跑步。"

我说："那这次你觉得输了，从中得到的启发是什么？"

他说："我跑步不是跑赢别人，而是自己健康。"

我当然也希望我儿子在每种比赛中都得第一，跑步跑第一，朋友圈各种小明星点赞比赛邀请朋友来投票让我儿子第一，考试第一……那又怎样？他难道能在任何一个方面，打败任何一个人吗？我们家长与其动用各种关系，去帮孩子得第一，不如去教育他如何面对失败与挫折，让他明白其实人生不可能每个地方都成功，当然也没有绝对的失败，每次从成功或失败中得到成长才更重要。

　　我想，其实是我在跟孩子一起进步。儿子在这些方面教会了我很多东西，比如赶路不要忘记看风景，早点慢点都可以到达目的地。永远不要忘记微笑，圆滑世故虽然很重要，但内心的本真和善良更重要。我们以为自己教育了孩子，其实却是孩子教育了我们。

有其父必有其子

我觉得这辈子一定要有个儿子,喜欢跟你叽叽喳喳地论各种小道理,实在不行就做奥特曼的姿势说要跟你决斗。出门一左一右跟在老婆旁边,就像是保护皇后出游。他喜欢模仿你的动作,还经常跟你商量离家出走。

一转眼他长大了,有天回来说要带个妞去环游地球,你微笑着一挥手:"去吧,等你回来陪爸喝酒,不醉不休!"

我儿子读幼儿园的时候,有次我去送他。

我奇怪地问:"女生呢?"

儿子不屑地说:"三八妇女节放假呀!"

我开玩笑地问:"那女老师怎么没放假呢?"

儿子说:"女老师放假了我们怎么给她们过节呀?"

我又问:"怎么男生不放假呢?"

他说:"女生放假就是男生放假,否则被女生烦死了……"

后来他跟我说,他有了一个女朋友,我说你才 5 岁哦。

他说:"她老追我,我也不能伤了她的心啊。"

我说:"她怎么追你的?"

他说:"满院子追着我跑啊。她跑得比我快,我就只能答应了。"

可能有了小女朋友,他就不怎么爱我了。

有一天,他科学精神突发,用王老吉、可乐、冰红茶、酱油、醋、香油、葡萄酒、爽歪歪、纯牛奶,调制出一杯"饮料",端到我面前说:"爸,我给你调了一杯爱心饮料。"然后充满期待地站旁边眼巴巴地看着我,我泪流满面地喝完了,嘴上连说好喝好喝。

他一溜烟跑了,过了一会儿又端来一杯:"这次是改进型哦,加了妈妈的洗面奶。"

作为一个父亲,我能活到今天绝对是个奇迹。

当然,他也有柔弱的时候。有一次,我临睡前心烦得不行,各种不顺利,这时躺在旁边的儿子小声说:"爸爸。"

我不耐烦地说:"你又怎么了?"

儿子眨着眼睛说:"我怕黑,你能抱着我睡吗?"

心头突然一颤,紧绷的神经突然松弛下来。

原来,最有力量的语言,不是呵斥威胁,而是可爱地示弱。

幼儿园毕业前,我儿子写了一篇作文《我的爸爸》,我才意识到从此有人帮我立传了,于是小心谨慎,唯恐晚睡、裸睡、晚起、吃零食等劣行被他写进作文,于是发奋图强,痛定思痛,深刻反思了"责任"这个词的含义。然后,没收了他的作业本。

进入了小学,看着一个小不点,一点一点地长大,忽然觉得自己老了。有了孩子就有了参照物,怪不得都说没有孩子,你就永远不会成熟。

他开始跟我探讨一些深刻的话题，比如世界上到底有没有奥特曼。

我说："有的。"

他问："在哪里可以看到？"

我回答说："每次灾难中帮助别人的人都是奥特曼的变身。"

他又问："世界上有没有机器猫？"

我说："有的，如果你能经常帮助别人，勇敢坚强，机器猫就会出现。"

我希望那些善良、勇敢、机智、乐观的想象，在他心里存在得久一些。我想，我不应该轻易戳穿孩子美好的梦想，世界是残酷的，但愿他的童趣停留得久一些。

有时候作业太多了，他就一边哭，一边写，一边骂老师。骂的内容无非是，老师为什么不变成灰太狼被喜羊羊折磨？老师为什么不被机器猫装进口袋？我说这样，以后我跟你一起做作业，谁先正确地做完，就可以陪妈妈玩"大富翁"的游戏。

结果就是，经常看他跟妈妈玩，我在做作业，我也没想到三年级的数学那么难啊！

孩子越来越大，脑洞也越来越大。有一次，开车回家路上跟我讨论到死的问题。

他问我："你会死吗？"

我说："会呢。"

他又问："妈妈会死吗？"

我说:"也会的。"

他说:"那我岂不是见不到你们了?"

我说:"嗯。"

他在后座呜呜地哭了起来。

我一时不知道怎么安慰,就说:"不过我们都会去一个叫天堂的地方,将来你就可以来陪我们了。"

他说:"那我回家赶紧写作业,否则作业做不完,去了天堂也不能好好陪你们了。"

我开着车,鼻酸,却笑了出来。

大雪

冰雪寒天，勿忘前川

☺

　　你要创业，就不要去找一个安心上班的人给意见。你要结婚，就不要去找一个信奉单身主义的人给意见。你要投资，就不要找只图安稳把钱存银行的人给意见。
　　不是每个人的意见都有价值，大部分人的意见听听就好了，他们所说的可行或者不可行，其实大都说的是自己，跟你根本没关系。

出发太久,别忘记目的地

希罗多德的《历史》中记录到一件事:

波斯王居鲁士,这位伟大帝国的缔造者,有一匹漂亮的白马,他经常骑着它在战场上征战。

公元前539年春天,居鲁士希望扩张他的领土,于是向亚述人宣战,并亲率一支庞大的军队直奔其位于幼发拉底河岸的首都巴比伦。行军一直很顺利,直到他们来到格底斯河边。这条河从马蒂恩山上流下来,注入底格里斯河,那是有名的险流。此刻,河水是褐色的,浪花飞舞,正因大雨而暴涨。

国王的将军们建议暂缓进行,但是居鲁士不为所动,下令立即过河。正当人们准备船只时,居鲁士的马乘人不备跑开,想要游过河去。它为激流翻倒,冲到下游,死了。居鲁士脸色煞白。这条河竟敢夺走他神圣的白马!这匹马曾伴随自己把克劳苏斯夷为平地,令希腊人闻风丧胆。居鲁士咆哮如雷,指天发咒,在暴怒中决定报复这条大胆妄为的格底斯河。他发誓要惩罚这条河,把它改造得连妇女也能蹚过去而不湿膝盖。

于是居鲁士把扩张帝国的计划放在一边,把军队分成两大队,在河的两岸各划出180条流向不同的小河道,下令士兵挖掘。他们从春天挖到夏天,士气全消,迅速战败亚述人的希望破灭了。

读着这个故事其实觉得蛮可爱的,可爱是因为我也经常有这样的问题。在做一件事情的时候,中间突然出现了另一件事,我就忙这件事忙得不亦乐乎,而忘记了开始要做的事情。比如我想写篇文章,就想要沏壶茶,于是去烧水,烧水中间看到餐桌挺乱的,顺手就收拾下,收拾完餐桌忽然想吃水果,就开始洗苹果,洗完苹果放餐桌上还没吃,想起有个日程的安排还没确定,于是开始给对方活动联系人打电话。打完电话,怔怔地坐在沙发上,就在想,我到底要忙什么来着?

出发久了,就容易忘记目的地。

再比如婚姻中两个人生活得太久,忘记了跟对方在一起的理由,所以中途就容易被其他人诱惑,而缴械投降。

再比如创业的时候,忘记了自己创业的目的是改善自己的生活,却最终被各种金钱游戏迷惑停不下来,身心疲惫,还有的妻离子散。

再比如吵架的时候,因为对细节的关注,引申出对以往发生过事情的记恨,而忘记了吵架开始需要解决的问题。

这样的例子举不胜举,所以在一件事情开始的时候,就牢记方向,在过程中出现诸多的诱惑,也要马上做出判断,是否可以促成这个目的的达成,如果不能,果断拒绝或放弃,唯有如此,才能防止朝三暮四,而导致功败垂成。

而恋人之间吵架,最好讲清楚为什么而吵架,不要中间扯出

"你上次……""想当年……",这些根本与吵架主题无关的事情。既然是因为晚上到底谁睡左边而吵架,那就集中精力讨论这个问题。

在工作中也应该始终提醒自己的岗位职责:我来这个公司,这个岗位到底应该做些什么。这样更主动,而不是变成混日子,每天打游戏,发朋友圈,给挂吊瓶的朋友点赞。

同时有可能也给自己未来设定一个方向,看不清就设定短期方向,因为有目标就能经受挫折。我刚做脱口秀的时候,很多人都说这不行、那不行。我当时就一门心思要做脱口秀,因为喜欢,所以我很少会被这些言论打败,终于也在这个领域杀出一片自己的天空,前行的马队,根本不在乎路边的几声狗吠。

终归要记得:不要为了一条河,忘记了为什么而出战。

不是每个人的意见都值得倾听

苏格拉底和他朋友克里托有一段对话让我记忆深刻,大致是这样的。

> **苏格拉底**:当一个人认真训练时,他应该一视同仁地用心听取所有的赞赏和批评意见,还是只听一位有资格的人——医生或教练——的话?
>
> **克里托**:应该只听一位有资格的人的话。
>
> **苏格拉底**:那么他就只应该害怕那一位有资格的人的批评,欢迎他的称赞,而不必理会来自公众的毁誉?
>
> **克里托**:显然是的。
>
> **苏格拉底**:所以他应该按照有专业知识的教练的判断调整自己的行动、练习和饮食,而不是听取其他大众的意见。

苏格拉底的意思就是,并非所有人的意见都应该得到尊重,我们只应该尊重一部分人的意见,而不是另一部分人的意见。

应该尊重好的意见而不是坏的意见，好意见出自对事物有所理解的人，坏意见出自缺乏理解的人。

因此你要创业，就不要去找一个安心上班的人给意见。你要结婚，就不要去找一个信奉单身主义的人给意见。你要投资，就不要找只图安稳把钱存银行的人给意见。

不是每个人的意见都有价值，大部分人的意见听听就好了，他们所说的可行或者不可行，其实大都说的是自己，跟你根本没关系。

我们做任何事情，身边都不会缺少支持的人、反对的人和嗤之以鼻的人。如同我刚出来做脱口秀的时候，反对者众多，比如你的山东口音有问题，你的表达有问题，你的形象太帅不够搞笑。呃，最后这个意见倒是真的。

一想这事怪吓人的，不过转念一想，我要关心的不是反对我的人数，而是他们的理由有多充分。后来我就找了一部分观众，媒体的人，找了电视台主持人，找了表演系的教授和脱口秀前辈做了一场内部表演，他们给出了很多专业性的意见以及这些意见背后的逻辑，我们连续讨论了两天，来研究这事的可行性。

由此也给我很多启发，普通人的喜好千差万别，不可能让每个人都喜欢，而不喜欢的人理由千千万万，如果因为一个理由就改变自己，那么最终你的一生肯定都是在改变。

再想想我们很多人都听过的这个寓言故事：

从前，有爷孙俩进城赶集，天气很热，爷爷骑驴，小孙子牵着驴走。

途中，一位过路人看见他们，便说："这位老人只顾着自己享受,让小孩子在地上走。"

爷爷想想也是,赶紧从驴背上下来,让小孙子骑驴,自己牵着驴走。没走多远,又一位过路人说:"这个小孩子真不懂事,自己骑着驴,让老人跟着跑。"

一听此言,小孙子心中惭愧,二人决定一起骑着驴走。走不远,一个老太太见爷孙俩共骑一头驴,便说:"这爷俩的心真够狠的,那么瘦一头驴,怎么能禁得住两个人骑呢?"

爷孙二人一听也是,就全都从驴背下来,谁也不骑了,干脆牵着驴走。走了没几步,又碰到一个老头,指着他们爷俩说:"这爷俩真够蠢的,放着驴子不骑,却愿意走路。"

最后爷孙俩决定抬着驴走,走了不远就有路人哈哈大笑说:"这两个人真有思,有驴不骑牵着也行,何必抬着呢?"

我们经常会遇上这爷孙二人的困境,怎么做都会有人不爽,怎么做都会有人说不对。

真正该重视的意见,并不是因为对方的身份,也不是因为对方的地位,也不是对方多么口若悬河。应该重视的,是意见的逻辑规则。比如别人对你说脏话,这种意见完全没有必要理会,因为这是对方的情绪,不是值得重视的论证。

比如别人说喜欢你或不喜欢你,你也完全没必要去开心或沮丧,而应该分析他们背后的论证逻辑是什么,莫名的喜欢或不喜欢,都不值得你放在心上。

一个人真正的自信,来自基于理性的思考,而不是盲目自恋。一个人要摆脱自卑,也不是喊几句口号,或者相信几句心灵的安慰,而是来自理性思考之后，真正找到自己的价值所在。

曾经一个朋友准备离婚，然后离开工作十年的公司，带孩子要出国，她跟我说："很多人反对，有说要离婚的，有说不要离婚的。各种意见，你怎么看？"

我问她："这些都不重要，我觉得重要的是，你自己做出这个决定的理由是什么。"

她说："因为对方破坏了我的底线，我必须离婚。我的专业领域最强的公司和最好的人才都集中在纽约，我到纽约后，会接触到最前沿的技术，对我的职业发展是非常有帮助的。虽然我留在目前这个城市有自己的房子，有安逸的工作，但这并不是我的追求。"

我说："那你做这个决定后，会有什么难处？"

她说："最主要的困难是孩子的照顾，毕竟我要一个人带孩子，还要上班，时间精力都不够。"

我说："这个难处能否得到妥善的解决？"

她说："我可以找一个保姆帮忙照料。"

我说："已经做了理性的思考，所以如果决定了，就去做吧，别人的意见你可以倾听，但未必接受。"

三年后我在纽约遇到她，她说幸亏做了这个决定。虽然辛苦，但很幸福。

每个不能打败我的事件,都会把我变得更加璀璨

这句话是我说的。

尼采说过一句类似的话:"任何不能杀死你的,都会把你变得更加强大。"

原则上类似这样的小句子,再加上个名人的名字,都要小心,很可能是杜撰出来的。而这句话恰恰是尼采说的,因为尼采在哲学界就是这样一个心灵鸡汤的萌萌哒大师,加上他最终疯了,这更加增加了他的神秘主义色彩。所以,很多人崇拜,不见得多么崇拜尼采的思想,而是崇拜他身为一个哲学家,竟然疯了。

我认识尼采是我读大学的时候,一个学姐,当然是长得很漂亮的那种,后来成了电视台主播。那是一个阳光明媚的早上,她在学校的大喇叭里说,自己最喜欢的人是尼采。你知道,我一个学会计专业的人,听到这个奇怪的名字,那简直是羞愧得要死,从来没听说过啊,我跟美女之间间隔了整整一个尼采啊。

于是去图书馆借阅尼采的书,跟图书馆的大妈说:"我要读尼

采！"如果那刻我是个动物的话，肯定是一只雄鸡。在大妈"你要疯了"的眼神中，借到了尼采的《权力意志》。读了一遍，啥也没看懂，之后每天早上再听到学姐的声音，都无地自容，因为她竟然可以读得懂我读不懂的书，这个打击实在太大了。

直到工作以后，有一次客户的一个项目，自己辛辛苦苦赶了两夜，以差点过劳死的代价写的文案，在交给主管后，完全变成了他的功劳，在领导面前说自己多么多么辛苦。我看着他那么不要脸，也不敢声张，毕竟是主管，再后来他升迁，我还是那个文案策划。

但是这事极大地刺激了我，让我真正开始理解职场的残酷，再加上又失恋，乱七八糟的事情积累到一起。于是，在上海徐家汇的一家书店，我重新遇上了尼采。

其实我相信总有一本书，在某个地方等着你。如果你太早遇到，肯定不会认识，也不知道其价值，因为自己还没准备好。那时读到"任何不能杀死你的，都会把你变得更加强大"这句话，简直热血沸腾，这俨然就是为我写的话，和为我写的书。

后来我开始迷上了尼采，就如同尼采迷恋叔本华。

尼采年轻的时候非常崇拜叔本华，在莱比锡的旧书店，尼采看到叔本华的《作为意志和表象的世界》的时候，他才21岁。他回忆说，不知道什么鬼精灵在耳边悄悄说："把这本书拿回去。"从此，尼采就崇拜起了叔本华，每次遇到问题都会大喊："叔本华救我。"就如同唐僧遇到问题，总会喊："悟空。"

尼采拿起叔本华这本书的那一天，是1865年的一个秋天。

这种迷恋持续了大约10年，尼采就开始走向了批判叔本华的道路。他认为叔本华的思想太过懦弱而不真实:"像胆小的麋鹿一样躲藏在森林里。"因为叔本华这位悲情主义大师,用一生来逃避痛苦,尼采觉得,这太懦弱了,我也这么觉得。

尼采认为,我们应该正视痛苦,因为痛苦是达到善和完美的必经之路。就好比一些创伤,你企图忘记它,尽量不去想它,但它不会消失,总在某个时点跳出来,对你构成二次伤害。

你只有正视这些问题,才能不被它控制,比如睡觉前跟放电影一样,把这件事过一遍,你越想逃避让自己难受的细节,越要直视它。想过一遍,对自己说:"这件事发生了,我接受了。"然后,你留在这里,我要继续我的生活。

逃避苦难,是懦弱,是叔本华。面对苦难,才是真正的强者,这是尼采。

后来我又遇到那位学姐,说:你当年提到的尼采帮了我。她不好意思地说:"我那会也就只是知道尼采的名字而已,我其实真正喜欢的人是海德格尔。"

我擦。

虽然被骗很多年,但我倒是觉得,每个人都应该有一位哲学家做伴。在理性主义上我崇拜康德,在形而上的问题上,我崇拜尼采。每次我跟自己的学生说到这个问题时,他们也都恶狠狠地瞪着我,如同我当年恶狠狠地盯着广播站的那个大喇叭。

尼采是激情的,但他的生活却是悲剧的。他一生不被人理解,出的书卖得还不如我的好,他写的《查拉图斯特拉如是说》,只送出去7本,估计也都被拿去村口当了厕纸。他爱的人也不爱她,他自己得了梅毒,呃。

他的转机出现在1889年1月3日,因为那天他疯了。尼采在都灵看见一个马夫在虐待他的马,尼采跑过去抱住马脖子,然后就疯了……

那一年他45岁。

尼采疯了以后,财富和名气接踵而至,他妹妹给他穿上白色的袍子,留起浓密的胡子,仙风道骨一般。他妹妹还篡改他的著作,把《权力意志》修改成了种族歧视的学说,从而让希特勒成了尼采的忠实信徒。

就这么被他妹妹折腾到56岁,他死了。

这就是尼采的一生,颇悲情。但他的思想,大气磅礴。

尼采的思想大气磅礴到什么程度呢?他认为同情弱者是没有错的,但弱者不能以此作为资本,去要挟、榨取强者,这样做是可耻的。自己的悲惨,不是让别人同情的资本。自己要强大,不能自甘堕落。

痛苦和挫败,这些玩意儿都是人生的组成部分,尽管让人难过,但要接受。没有痛苦和挫败的人,创作不出好的作品,甚至你有多痛苦,你就会有多幸福,试想一个饿得要死的人吃到一个馒头,该是多么幸福。因为他遭遇了巨大的痛苦,所以能享受到莫大的幸福。

要尝试与自己的悲观情绪沟通。用尼采的话说:从悲观的内心世界发出欢快而又恶毒的笑声,因为我们有勇气、野心、尊严、人格的力量、幽默感和独立性。这些意志,让我们可以跟悲观情绪平起平坐。如何训练这个部分呢?可以阅读,可以读诗歌,可以旅行,可以与智者交谈，这些都是在增强自己的"权力意志"。

我们推一面墙，一次不倒，两次不倒，好像永远都不会倒，但是在推墙的过程中，我们变得更加强壮。这句话好像是蔡康永说的，也是尼采那句话的另一个版本。

最后让我们再次重温尼采的观点："任何不能杀死你的，都会把你变得更加强大。"

冬至

西北风袭，回笼教至

:)

  每个人都像侠客，仗剑行走在人生这个江湖。躲着尔虞我诈，闪着暗箭明弩。面子上玩得了世故，背地里守得住风骨。交得了谦谦君子，斗得过累累恶徒。鼓声雷动一声笑，何惧沙场一小奴。迷途自有迷途乐，赶不上初一就过十五。江湖飘摇一场梦，岁月一扫都做了千古。

回笼教

网上很多人喊我为回笼教教主,这可能是源于很久前我的一篇微博,我给大家介绍一下这个教派的来龙去脉,也好给各位教友赖床寻找一些信仰层面的依据。

我曾经写了一个回笼教的简介,如下:

回笼教是世界第一大宗教睡教的一个分支,教徒过亿遍布世界各地。回笼教又分为左侧卧教、右侧卧教、仰教和趴教。回笼教的仪式相对比较简单,教徒早上在听到闹铃后,一般都会把闹钟摁掉或扔掉,祷告一声:最后五分钟。然后,继续若无其事地睡觉。该教的信仰就是:绝一不一起一床。

没想到得到了近五万人的认同,大家给我的回复大多是:"终于找到组织了,活了这么多年才发现我也是一个有宗教信仰的人。"

而后我又编写回笼教的教义:

(1)每拖五分钟都决定这是最后五分钟。

(2)每天醒来的第一个问题不是:迟到了吗?而是:我还可以睡多久?

（3）对所有早起的人表示鄙视，因为我们认为：早起的虫儿被鸟吃。

（4）金窝银窝不如自己的被窝，理想幻想不如自己的梦想。

（5）我们认为早起有很多好处，比如：再睡一觉。

而且我还帮助回笼教的教徒找到了法律依据：

根据现行"睡法"规定，在自己家床上睡回笼觉的称为个人所得睡，到单位后趴办公桌上睡回笼觉的称为企业所得睡，在公共交通工具上睡回笼觉的称为流转睡，在自己车上睡回笼觉的称为车船使用睡，跟爱人一起睡回笼觉的称为增殖睡，睡回笼觉永不起床的称为遗产睡。觉睡光荣，漏睡可耻。

为了避免称呼上的混乱，我对回笼教进行了层级设置：

每天醒来后再睡十次以上回笼觉的称为觉皇，每天醒来再睡五次以上回笼觉的称为觉父（女的称为觉母），每天醒来再睡一次回笼觉的称为觉主，有心加入回笼教但是目前暂时没条件睡回笼觉的称为觉徒，自己睡回笼觉还必须拉别人陪同的称为床觉士，从不睡回笼觉的称为异觉徒。

有人反驳我说，乔布斯可以自诩每天早上四点就起床工作的，早上八点前就可以处理完全天的工作，那么八点后他就继续回去睡觉吗？难怪英年早逝了。早日入我大回笼教，早日享受幸福人生。

难道就没有人可以打破回笼教吗？有，而且有四个。回笼教创教千年，敌人颇多，其中四人对我教危害甚大，教徒若见必灭之：

旁光侠裹乙（尿意），与它过招前务必少喝水。

震耳兽闹灵（闹铃），趁它吼叫的时候直接拍它的天灵盖。

恶赌狂魔早参（早餐），在床边摆放饼干矿泉水等物，可驱魔辟邪。

最可怕的是唠叨鬼迦仁（家人），对付他们只需不断念咒语：五分钟，再给五分钟，最后五分钟。

对异觉徒要对抗，对同道中人要善待，因为他们具有很多优秀品质。他们极富耐心，不管你怎么唠叨他们都雷打不动。他们更富有想象力，因为他们有更多天马行空的梦境。更重要的是，他们淡泊名利、与世无争，只需要一个被窝他们就知足感恩。代表性人物是曾子，他说吾日三醒（省）吾身，意思就是每日必睡三个回笼觉。

我想当年释迦牟尼创立佛教或许经历了跟我差不多的历程吧，不同在于他是在菩提树下参悟，我是在被窝里思考。就在我志得意满，俨然以教主的姿态准备普度众生时，我太太掀开被窝对我说："起床了，你是不是在搞邪教？我可看你微博了。"

我大怒："我怎么可能搞鞋教？我们回笼教的人都懒得起床穿鞋！"

大V

"有空来春晚剧组聊聊呀。"

曾经,春节联欢晚会的总导演哈文在微博上给我发了一条私信。

收到这条私信的时候,我正在准备自己最后一场在北京的脱口秀演出。这场演出因为是我第一次纯商业操作,所以格外重视。在正式开始卖票前我问一位好友:"你说这一千多张票能卖得掉吗?"

他信心满满地对我说:"没问题,你这么红。"

说完这话的第二天他就去了美国,到现在也没联系过我。我又在微博上发帖问网友:"如果是一场纯粹的商业脱口秀,由一位在这个领域完全不知名的人来演出,你们会来看吗?"

无数人回复:"捧场没商量,免费看了这么久你在微博上的段子,掏几百块钱支持一下绝对没问题。"

后来正式发售门票,一千张票三天通过大麦网全部售光,在演出前看到北京剧院外卖黄牛票的人来来回回穿梭后,我意识到自己可能真的红了。

红了就有红了的麻烦,微博上有左中右派,你转发哪个朋友的微博也就暗示你站在哪个队伍里面，你或许不过是觉得好玩，但这在微博上就有了派别。你只要有观点，就一定会被人攻击，除非你没有观点，没有观点也不行，这不是骑墙派吗？对，网上叫"理中客"，一听就知道不是什么好词。

其实如果没有微博，我还是一个默默无闻的老师，在大学三尺讲台上对MBA（工商管理硕士）们讲授着项目管理和康德的哲学，一堂又一堂，一天又一天，最后落下个肩周炎、颈椎病什么的职业病，被学生们评为一根尽职的蜡烛，然后就此终老，爱我的学生们穿黑色西装过来对我鞠个躬说："我们会怀念你的。"可是2010年，我的人生轨迹却朝着另外一个方向发展。

2010年我正式注册了微博，起初无聊了就随便写点东西，早上起床多么困难，中午发困多么烦乱，晚上吃饭多么凄惨。基本上处于三天打鱼、两天晒网的状态，网络之于我无非就是调剂品，就这么打打晒晒一直到2012年7月"四大名著假想体"的爆红，粉丝从原来的6万在半年的时间内积累到了200万，我感觉到一股巨大的力量在推动着我往前。

首先，交际的范围在不断扩大，之前不认识的人因为互相的关注而拉近了距离，不管是投资界还是娱乐界还是媒体界的人，因为彼此的评论转发而成了朋友，这在没有微博的时代是不可想象的。这就是六度分隔理论的实践，也就是你只需要通过6个人，就可以结识任何你想要认识的人。

朋友带来的有机会，也有压力。因为朋友们也是分派别的，比如在微博上的左中右派，你转发哪个朋友的微博也就暗示你站在哪个队伍里面,你或许不过是觉得好玩,但这在微博上就有了派别,轻则恶言相向,重则约架动刀。

有人的地方就有江湖,有江湖的地方就有利益,有利益的地方就有是非,有是非的地方就有爱恨,有爱恨的地方就有纷争,有纷争的地方就有派系,有派系的地方就有政治,有政治的地方就有交易,有交易的地方就有恩怨,有恩怨的地方就有人,更何况是在恩怨本来就说不清楚的微博?

其次,关注点的转移。当你的追随者数量少的时候,你可以每天谈谈风花雪月,聊聊自己做的饭,说说自己养的狗啊、猫啊。但随着粉丝数量的增多,你的关注力会被推动到关注社会热点上去,对社会热点事件做出点评是粉丝对你的期许,因为他们需要一个人帮他们去发出声音。《蜘蛛侠》里说:"能力越大,责任也越大。"于是,最终你的关注力会被推动到关注社会民生上去,这非常类似某种形式的被粉丝绑架,但刚开始却无能为力。

再次,对生活习惯的改变。我一天的生活基本都是从微博开始的,早上迷迷糊糊睁开眼的第一件事情就是刷一下微博,看看谁评论了,谁转发了,微博上又发生了什么趣事新闻。然后,吃早饭边吃边刷微博,至于吃了什么倒不是特别在意。上班路上会把遇到的各种事情编成微博发上去。晚上吃饭从微博上邀请三五好友,见了面彼此也说不了几句。因为跟不玩微博的人,实在没话可说。而跟玩微博的,又实在没什么必要说。

这个状态非常像欧亨利的一篇小说《幽默家的自白》,小说中的主人公把所有他接触的人和事,都编成幽默的故事发表在刊物上。久而久之，他开始为了幽默而幽默，而灵感就像笔的墨水一样一滴一滴被甩干。这个幽默家成了最不快乐的人。我也一样，有一段时间一切都为了微博创作，任何人都成了微博笔下的调侃对象。

停下来反思自己的网络生活之路，我确实在努力成为别人眼中的自己。于是，我开始想办法应对这种外界的推动力，并给自己设定了三个原则。

第一，坚持道德底线。我认为人的道德是没有上限的，但是能守住底线依然不易，这个底线应该是人类的共同价值，比如诚实、正直、善良、公正等价值观。这个底线在任何情况下都不应该违背，或许这也是网络上所说的节操吧。

第二，尽最大的善意对待网友。因为不管你是获奖了还是跑残了，不管你是选秀了还是死亡了，必定都是毁誉参半。所以，生逢今世，必须出得了风头，顶得住骂名，受得了赞美，忍得住吐槽，否则你一定会不死不活、精神分裂。

第三，坚持做自己，你的微博就会形成一种独特的气质。博主为人处世的气质，在微博上都通过文字写作或转发体现了出来。而关注并和你互动的，一般也是具有同样气质的人，你言语犀利就吸引犀利的人，你性情温和就吸引性情温和的人，哪怕离得再远，他们也会辗转被吸引过来，而没有同样的气质，哪怕离得再近，也早晚会离开。微博如人，人如微博。

在经历了网络的寂寞、爆红，又归于平静的三个阶段后，心境也逐渐平和起来。在收到哈文的私信后，我欣然前往春晚剧组，把自己对春晚的看法做了一次交流。而在后续的合作方面，我拒绝了所有的可能，因为我觉得我还没有达到那个阶段。

生活，不是它来控制你，就是你去掌控它。直到有一天，你俩达成了和解，就一路前行。

小寒

冰封大地，蜡梅探雪

有一种关系叫清淡如水，明知道对方屏蔽了自己的朋友圈，但也不用拆穿与责问。明知道对方忘记了自己，见面就主动说出自己的名字以不让对方尴尬。自己在别人那里没那么重要，何必计较自己在别人世界里的分量，擦身而过的交情就不必让彼此难堪。各自忙碌，各自辛苦。大路两边，各自安好。

八卦之心

一张男人带孩子的照片传遍网络,大意是父爱如山。照片中的父亲全身淋湿,帮年幼的孩子撑着伞,场景令人动容。

这事过去大约一个月,一个母亲雨中带孩子的照片又传遍了网络,主流评论是这样的:那张爸爸撑伞的照片,对于妈妈来说算什么呀?换成妈妈,可以踩着高跟鞋,右手抱娃,左手撑伞,后面背上娃书包,斜挎着自己的包,左胳膊肘还挂着刚买的菜。爸爸只不过偶尔撑个伞,还把自己全淋湿了,你们就感动天感动地地矫情。有没有同感的?妈妈们都是现实生活中的奥特曼!

我把两张照片发到网上后,引发了各种评论。

有人说:"第一次看到这个爸爸的照片就觉得真'作',抱起来就完事儿了,非把自己湿成狗。还教啥孩子独立,教孩子独立,怎么不给他带把伞?一看就是不经常带孩子,没经验。狗屁给孩子撑起一片天空,能撑起一片天空的人,首先自己得是参天大树,而不是接个孩子就淋成狗。我分不清父爱母爱,但我知道,爱是共同幸福,爱不是牺牲。"

有人说:"评论里面那些说男人智商低的,我看你是智商低好吗?明明是说男人带孩子更要求其独立的特性,我可以帮你挡风挡雨,但不会帮你一切;女人带孩子就是各种呵护恨不得帮孩子把一切都做了。这就是严父慈母的意思,好吗?"

有人说:"女人爱孩子,把孩子抱在怀里,不舍得他走泥泞小道,不舍得孩子受一点伤害;男人也爱孩子,却是放手让他去闯,不惜淋湿自己也永远为他撑起一把伞。"

还有人说:"男人带的是男孩,要教会他独立,女人带的是小女孩,当然得从小就让她享受到无尽的爱,这跟'穷养儿,富养女'一个道理。"

也有人说:"说实在话,在带孩子方面,男人就是不如女人。他没抱着孩子走的原因,可能是担心孩子的鞋弄脏了自己的白衬衫,或者两只手根本做不了同时拿伞、拿包、抱孩子三件事。最后只有借口说路要让孩子自己走,等天晴了再让孩子练跑步都来得及啊。"

各有各的说法和想法,也都有各自的支持者,我觉这两张照片引起很大的争论,有人说好感动父爱如山,也有人说为何不抱着孩子,为何不避雨,为何不打出租车,为何……我想说,我们都不是这个父亲,他愿意如何做最重要,他或许出于本能,他或许喜欢淋雨,你管人家呢……

你感动就感动了,你质疑便质疑了,都是自己的事情,无须说服别人接受你的看法。你感动了,别人不感动就说别人没人性,你不感动,别人感动了就说别人很矫情,没必要。

世间一切,每个人都会看到自己想看到的。

在此，也说说其他思考。

你们知道为什么这么两张照片会引起这么大的争议吗？因为人类有喜欢八卦的传统，你千万不要以为八卦有什么不好，《人类简史》里作者考证人类发展的历史，在几万年前还不能完全称为人类的生物的时候，就开始八卦了，有了八卦才产生了信仰与文化。

人类为什么喜欢八卦？是无聊。

试想一下，人类如果停止八卦，会多么的无聊！因为无聊，我们产生了各种艺术作品，一个创作者绞尽脑汁编个故事，然后再由其他人解读，比如《红楼梦》产生了红学，《水浒传》产生了侠义，连孔乙己的"回"字都有很多解读的角度。想想这事多么无聊，人家《西游记》本来就是瞎编乱造的，还有很多人去解读《西游记》中的情节。你肯定觉得这事太无聊了，这样想就对了，因为人类就是很无聊。

想想看，微博是不是满足了人类无聊的需要？微信是不是满足了人类无聊的需要？电视是不是满足了人类无聊的需要？各种明星八卦是不是满足了人类无聊的需要？甚至哲学，直接就是因为无聊才产生的，一群贵族吃饱了没事干，就开始问天问地问人生的意义。

甚至我认为，今天谁满足了人类无聊的需要，谁就成功了。我想说，八卦也好，无聊也罢，没什么不好。

扯这么多，再回到起初的那两张照片上去。如果你喜欢质疑，这在哲学中是苏格拉底的做派；如果你分析各自带孩子的利弊，就是哲学中的功利主义；如果你觉得做就做了，他们自己乐意，这就是尼采的痛并快乐着了；如果你开始评判道德或者不道德，又开始陷入康德的绝对道德主义了……

我曾经对以上学派乐此不疲，但以上学派冷冰冰地分析下来，让人毫无温情，甚至产生绝望。绝对的理性，就排斥了温情，直到后来我读到海德格尔。

马丁·海德格尔是德国哲学家，他的主要思想是现象学。他对我最大的影响是"面向事物本身"的解释学。他认为，要"从事情本身出发，处理前有、前见和前把握"，当下所呈现的现象最重要，而不是去演绎、杜撰，或者加以批判，面向事物本身。

"现象学的阐释必须把源始开展活动之可能性给予此在本身，可以说必须让此在自己解释自己。"

我越来越接受海德格尔式的温和，当下你觉得应该抱就抱，你觉得该撑伞让孩子自己走路就让孩子自己走路，只有当事者知道自己的动机，那么他们那样做自然有其道理。我们不是这对父母，在他们不触犯法律教条的情况下，我们无法去横加指责或者任意批判，我们只能理解为：做，便是做了；爱，便是爱了。

如果海德格尔看到这两张照片，他或许会说："多么温馨的场景啊，我被两个人都感动了。"

如何面对失败

你们到机场或商场,看到大屏幕播放演讲视频,不妨停下,听听视频里的演讲,内容无非是,要成功,要成功,要成功。下面一群智商有问题的人高喊,对,对,对。如果这样也可以成功的话,那这些地方的工作人员最容易成功啊,因为他们天天看那个。

今天我们这个社会,处处弥漫着一种成功的文化,电视里是各种成功人物的访谈,杂志上是各种纸醉金迷的生活展示,就这样鼓噪每个人成功的社会,在路上还拦下别人问:"你幸福吗?"

这不扯淡吗?

每一个人都瞪着眼想成功,却没有为失败做好准备,进而导致各种心理问题,于是就想到了给同一个宿舍的同学下毒。所以,今天我准备从失意和失恋两个角度来谈谈失败的学问。

失意,字面意思就是不得志,梦想跟现实严重脱节。代表性人物莫过于王阳明,他早年的经历就是这方面的典型例子。王阳明,姓王,名守仁,字伯安,号阳明,出生的时候,皇帝是朱见深,明朝的第八任皇帝。

王阳明他父亲王华是个状元,按理说他应该有个不错的人生,但事实并非如此,王阳明的失意事是一桩接一桩,为什么王阳明经常失意呢?因为他的理想太高了。

1483年,11岁的王阳明问他的私塾老师:"何谓第一等事?"

一个11岁的孩子问这个问题,确实有点早熟。这个问题的意思就是,人的终极追求是什么?

他老师也吃了一惊:这是什么学生啊?

老师的答案是:"读书做大官。"

王阳明说:"我不认同。"

老师盯着这位少年问:"那你觉得呢?"

王阳明说:"我认为第一等事,是读书做圣贤。"

老师哈哈大笑,意思就是 you can you up(你行你上啊)。小样,你行你去上啊。王阳明却不理会,开始了一生成为圣贤的人生追求。

首先,他试图去格竹子悟天理,因为当时按照主流官方意识形态的做法,是要遵循朱熹的理学。朱熹认为,万事万物后面都有一个至理,你想明白天理,就要去参透每件事物背后的道理,汇总起来你就明白了天理,这就是格物致知。

王阳明一想既然如此,那我眼前的每棵竹子应该也包含天理了?于是他就拉了一位好友每天盯着房前的竹子看,三天后,好友出现了幻觉。王阳明坚持到第六天,估计都快成斗鸡眼了,两眼一黑,晕了。

他发现,这条路走不通啊,那怎么办呢?走不通就成不了圣贤啊,于是他就换个姿势重来,去参悟佛道两门学问。既然这条路走不通,就换个角度,目标在那里,路线可以不同嘛。

王阳明当然也认为要成为圣贤,不仅要在学问上精进,还要建功立业,这样才能成为立德立功立言的三好学生。于是,他参加了科考,当时的会试,两次考两次都失败。

这该多么让人沮丧!王阳明的同学也都来安慰他,王阳明却乐呵呵地说:"世以不得第为耻,吾以不得第动心为耻。"这句话想想多厉害,你们都觉得落榜丢人,我觉得如果认为自己落榜丢人这件事才丢人。

28岁的王阳明第三次参加会试才进士及第,这下应该仕途远大了吧,可惜他又碰了个垃圾皇帝朱厚照。这个皇帝不算中国历史上最垃圾的皇帝,但却是一位品位很垃圾的皇帝,宠信太监。朱厚照身边有8个太监,为首的是刘瑾,经常带着皇帝半夜去天上人间啊,打网游啊,炒房地产啊之类的。

那皇帝身边的忠义之士就看不下去啊,于是联名上奏请朱厚照杀了这8个太监,朱厚照欣然纳谏,第二天就把上奏的人打死了。这个皇帝奉行的是:从来不处理问题,只处理提出问题的人。

一时间,满朝文武噤若寒蝉,这时候一个倒霉蛋站了出来,没错,就是王阳明。他委婉地劝谏皇帝从善如流,这事被刘瑾知道了,你们知道,越是自卑的人,往往越是敏感。于是,王阳明被贬去贵州龙场做驿丞,而路上又被锦衣卫追杀,九死一生。

到了龙场这个当时野兽横行的地方,王阳明给自己做了一口石头棺材,天天躺在里面悟道,终于有一天他大喝了一声:"圣人之道,吾性自足。"从此,走向了成为一代心学大师的道路。

我讲王阳明这一段，不是让各位也要成为王阳明，你们想成也难，毕竟现在不太容易遇到太监，但我们可以学习王阳明面对诸多人生挫败的经验。能力配不上梦想，往往就引发失意，那怎么办？要么降低梦想，要么提高能力。王阳明选择的是，每次遇到挫败，就去提升自己。会试失败，换个姿势再来。仕途不得志，就从小事慢慢做起。发配边疆，就去悟自己的心。

我们每个人的未来，很可能也会面临着诸多失意，我的建议是，把每次失意当作提升自己的机会。梦想要有，但提升自己最重要，提升了自己，梦想或许就在别的地方实现了呢？

失败除了不得志还有失恋，这个话题我最有发言权了，因为我经常失恋，所以朋友特别多。每次追求一个女孩，对方往往都对我说："我们还是做朋友吧。"别人失恋至少还恋过，我根本就没恋上，所以导致我微信公众号上很多朋友评价我说："有一种禁欲的气质。"

失恋的人可以多想想叔本华这位悲情主义大师。他对生命很绝望，更何况是生命一部分的爱情呢？叔本华是正儿八经谈过一次恋爱的，他在33岁的时候喜欢上了一个19岁的女演员，这个女演员有很多男朋友，叔本华只能算个备胎。后来，这个女演员有了一个孩子，但爹不是叔本华。不过，叔本华还是很喜欢她，一度想跟她结婚，可是后来柏林发生了霍乱，估计叔本华一想孩子反正不是亲生的，就自己逃走了。

受到感情创伤的叔本华，从此非常憎恶女人，觉得她们幼稚又愚蠢。他为了劝解自己放下这件事，发明了一个哲学专用词：生命意志。意思就是，爱情纯粹就是为了繁殖，其他毫无意义。

真是没有失恋过的人，不足以谈哲学。

等叔本华成名后，一个他的崇拜者，一个美女，也是一个雕塑家，到叔本华家里住了一个月，为他塑了一座半身像。叔本华对女人的态度才稍微温和了一点，觉得女人还是很有洞察力和创造力的。

我觉得我们很难遇到一种从一而终的爱情，更何况，今天的社交如此发达，摇一摇都可以摇个外遇出来，点个赞都可以点出一段暧昧。不像我读书的时候，认识的都是同班的，而同班的早就被高年级的师哥抢光了，因为同龄的男孩发育都要比女孩晚一点点。当我们明白了什么是爱的时候，女生不见了。

爱情这种事，当一方决定要分手，这段感情基本就无法再挽留了，哪怕你通过作践自己低三下四换取来的延续，也注定不会长久。这世上没有回得去的感情，即便回去也已面目全非。人是情非，貌合神离，比一刀两断带来的痛楚，何止一百倍。

如果不幸遇到了，我觉得各位可以借鉴叔本华的做法，直视这个问题，失恋有什么好怕的，去读小说、看电影、读诗句、旅行，因为要让自己战胜这个以繁殖为目的的生命意志。

分手了，就对往事笑笑，轻装上阵，继续生活。不伤害对方，就是不伤害自己的情商。若放不下，到头来伤的还是自己，悔恨自己当初怎么会那么幼稚。既然分开，就接受曾经，微笑面对未来。真正的强大不是舐血前行，而是选择了宽容。有一天，遇到当年失恋的对象，拍拍对方的肩膀说：我原谅你了。多酷！

在大家的人生路上，成功不一定如约而至，失败却总会如影随形。真正的强大应该既能意淫梦想，又能笑对失败，舐血前行。

大寒

凛冬已至,一元复始

自己再卑微,也是一个品牌;
能力再强,也要保持持续的创新。
因为打败你的,并不是对手,
而是自己停止了成长。

自由职业

很多人说，羡慕我身为自由职业者，想做什么就做什么，想睡到几点就睡到几点，我多么想把这句话改成想睡谁就睡谁啊！呃，不用看谁的脸色，也不用怕得罪谁。自由职业这事就是雾里看花，大老远看着觉得挺美，实际靠近一看，原来也不过就是狗尾巴草。

如果要想成为一个自由职业者，一般来说需要具备一项独特的能力，比如策划，比如画画，比如设计，比如作词作曲，比如"杀人"于无形。而且，这项能力一定要被自己磨炼出独特的风格，否则作为一个自由职业者要活下来并不容易。我一个朋友特别擅长服装搭配，现在做了一个职业陪逛师，陪别人逛街，帮别人选购衣服，竟然生意也是应接不暇。真是大千世界，连不会自己买衣服的人都有。

其次，这项独特的能力必须有商业化的可能。比如，你特别擅长睡觉这没什么了不起，别人也都会睡觉啊，你陪别人睡觉，这个嘛，收钱了就是犯罪。比如，设计师这样的人为什么很容易成为自由职业呢？因为商业的需求永远都是有的。

最后，必须让这项能力得到认可。这就需要宣传与包装自己，幸好现在做自媒体的方式有很多，可以写公众号，可以去各种电台录节目，可以自己拍短视频，等等。但是，我的经验是，所有你做的事情，都应该围绕自己的这项能力去做，否则很容易散漫，做很多无用功。

所以做好一个自由职业者并不太容易，因为自己就是自己的老板，管别人容易，管自己难。

对一个自由职业者而言，最大的挑战就是自律。自由职业也是个职业，所以早上几点起床，几点开始工作，几点睡觉，在没有人要求自己的情况下，能不能保持很好的惯性而不懈怠，确实不容易。一个不能自律的人，其实做什么都不会有太大成就。

做自由职业者也缺乏团队归属感。人家节假日去哪里旅行，上班后都可以炫耀半天，自由职业只能发朋友圈让人点赞。这种寂寞孤独冷的感觉，就像一个长相猥琐的人好不容易失了一次身，却无法告诉别人一样。我觉得世界上最大的痛苦，就是自己做了很厉害的一件事，别人却不知道。

虽然自由职业者看上去不用在意每个人的脸色，但也不敢得罪人，因为你哪里知道谁可能就是自己的客户呢。所以，我一个朋友每天拿出一个小时，给朋友圈里的每个人点赞，就是希望别人看到自己。点赞那一刻，我感觉就和路上拉个二胡乞讨差不多：瞅我一眼呗。

另外，自由职业者没有五险一金，只能靠自己打拼，不工作就没收入。不像在公司里，实在累了就混，至少工资还是照发的，保险公司还是要帮着交的，最多对不起良心。但自己给自己打拼，混，就是对不起自己下一顿饭钱了。

所以想做自由职业者，先想清楚上面这些事，再做打算不迟。

最后说一个我做自由职业 11 年最大的体会：每个人都是一个品牌，哪怕是自己做，也要把自己当作一家公司来运营。自己的能力就是这家公司的产品，要努力让这个产品增值，就需要去不断学习，不断打破常规，让它保持一个不可替代的竞争优势。否则，自由职业，最后其实就变成了无业游民。

自己再卑微，也是一个品牌；

能力再强，也要保持持续的创新。

因为打败你的，并不是对手，

而是自己停止了成长。

假如人生是一场错觉

我从来没有对一款游戏上瘾过，年轻的时候玩过《红色警报》，玩过《三国群英传》，这些游戏一般都速战速决，几天就可以搞定。后来的《魔兽》之类，抱歉，玩了一天就放弃了。不过，听朋友说起里面的道道，还包含了哲学思想，可我还是玩不下去，这感觉就跟大家都说《三体》很棒，但我就是读不下去一个道理，有些的确不错，但不是自己的菜，也的确下不了嘴。有些人的确不错，但不是自己的菜，就是爱不起来。

我曾喜欢上一款 Simcity 的模拟城市游戏，买地建高楼、建警察局医院之类的，累得我腰酸背痛，后来我删掉了这个游戏。不过，这类游戏倒是给我了很多思考，或许我们这个世界就是一个电脑游戏呢？咦，这么一想又好像有点《黑客帝国》的味道了。

朋友跟我说《三体》里也有类似的描述，或许我们就是生活在游戏里，而上帝就是玩这个游戏的人，这个游戏的场景就是宇宙。这个玩家选择了地球作为游戏的起始点，不断开垦发展，而我们的时间计量单位可能跟这个玩家不一样，我们的一百年或许是他的一分钟。

只不过这个玩家肯定不知道，在玩的过程中，里面那些他根本不看的小点点人，竟然有了所谓的意识，本来完全安排好的程式，竟然在被他们一点点儿改变。而有些游戏中的人特别聪明，不知道通过什么手段获知了这个秘密，于是就成了各个宗教的领袖，而那个时间就是游戏出现了bug（漏洞）的时候，游戏里是公元前800年到公元前200年，人类称为轴心时代：中国是孔子、老子，印度是释迦牟尼，希腊是亚里士多德，以色列是犹太教的先知。他们都不约而同地发现了这个游戏的bug，于是各自提出了洞悉这个游戏秘密的理念，后来他们都成了宗教领袖或者先知。

类似的bug被发现后，立刻被打了补丁，以后再也没有出现过，所以人类认知这个世界的顶峰也就再没超过轴心时代，而他们那时的问题，依然是我们今天的难题。

这个理念在哲学里是斯宾诺莎的观点，他不把这个游戏叫实体，在实体里一切都是安排好的，甚至他认为连犯罪和战争都是设计好的，人类是无法改变这个进程的，人类唯一能做的，就是享受这个被安排的过程。

这么一想，还挺悲观的，那努力还有什么意义呢？

如果有一天，这个玩家突然觉得烦了，把电脑一关，宇宙就game over（游戏结束）。不对，电脑关了，宇宙只是休眠，再打开选择"游戏继续"，宇宙就又开始运转了。

所以，我们的下一秒，不一定就是连续的下一秒，或许间隔了数万年，而我们自己浑然不知。这么一想，是不是脑洞大开啊，佛教里说刹那即永恒,不是没有道理啊!我不知道有没有科幻小说这么写过,反正是我之前玩游戏想到的。

上网一查,还真是有人早就说过了,这哥们儿是英国牛津大学哲学家尼克·博斯特姆(Nick Bostrom)。他说:宇宙可能是运行于外星人计算机系统中无数个模拟结果中的一个,就像我们玩的电脑游戏一样。(好烦,他凭什么和我一样聪明?)HBO(美国一家有线电视网络公司)将其拍成了美剧《西部世界》。

我跟老婆说我可能爱了她几亿年,她竟然一点都不感动。我说我们现在这个动作,和我们下一个动作,可能间隔了几亿年。上一个动作玩家暂停了,后来又继续了。她似懂非懂望了望天空,说:你给我解释一下,我为什么每个月都要来例假。

我说:"因为游戏就是这么设计的啊。"

她说:"那为什么有的人肚子疼,有的人活蹦乱跳跟个没事人一样?"

我说:"我不知道啊……"

她说:"你连身边的女人都没搞懂,就别想去搞懂宇宙的秘密,赶紧给老娘洗碗去。"

我只能删除了电脑上的游戏。唉,老婆一句话,我毁灭了一个世界,可惜了那个世界中叫琢磨先生的那个家伙,毕竟他是写文章的人里最帅的那个。

而我写这么长,就是为了这最后一句。